现代绿色农业综合实用技术

主 编 张礼招 兰 莉 刘冬梅

内蒙古科学技术出版社

图书在版编目（CIP）数据

现代绿色农业综合实用技术 / 张礼招，兰莉，刘冬梅主编 . —赤峰：内蒙古科学技术出版社，2022. 10

（乡村人才振兴·农民科学素质丛书）

ISBN 978-7-5380-3478-3

Ⅰ . ①现… Ⅱ . ①张… ②兰… ③刘… Ⅲ . ①绿色农业—农业技术 Ⅳ . ①S-0

中国版本图书馆 CIP 数据核字（2022）第 181128 号

现代绿色农业综合实用技术

主　　编：张礼招　兰　莉　刘冬梅
责任编辑：张文娟
封面设计：光　旭
出版发行：内蒙古科学技术出版社
地　　址：赤峰市红山区哈达街南一段4号
网　　址：www.nm-kj.cn
邮购电话：0476-5888970
印　　刷：涿州汇美亿浓印刷有限公司
字　　数：245千
开　　本：710mm×1000mm　1/16
印　　张：12
版　　次：2022年10月第1版
印　　次：2022年11月第1次印刷
书　　号：ISBN 978-7-5380-3478-3
定　　价：35.80元

如出现印装质量问题，请与我社联系。电话：0476-5888926　5888917

前言

党的十九大报告提出要实施乡村振兴战略，这是解决好新时代"三农"问题的重大战略，也是解决新时代社会主要矛盾的重大战略举措。大力推进乡村产业振兴工程，以发展现代农业为重点。要走农业现代化道路，深入推进农业供给侧结构性改革，以提升农产品综合新技术为突破口，构建高效优质现代农业产业体系。

实施乡村振兴战略，坚持农业农村优先发展，坚持农民主体地位，坚持乡村全面振兴，坚持城乡融合发展，坚持人与自然和谐共生，坚持因地制宜、循序渐进。农业结构调整、农业产业化、农业科学技术的运用、农业的可持续发展、农村劳动力的转移、农民生活质量的提高，均迫切需要农民知识水平的提高。为促进农业增效和农民增收，助力乡村振兴，组织编写了本书。本书共六章，内容包括粮食作物种植技术、经济作物种植技术、蔬菜栽培技术、果树栽培技术、畜牧业养殖技术和食用菌栽培技术。

由于编者水平有限，加之时间仓促，书中不尽如人意之处在所难免，恳切希望广大读者和同行不吝指正。

编　者

2022年2月

目　录
CONTENTS

第一章

粮食作物种植技术

第一节　水稻种植技术

水稻是人类重要的粮食作物之一，耕种与食用的历史都相当悠久。现时全世界有一半的人口食用水稻，主要在亚洲、欧洲南部和热带美洲及非洲部分地区。水稻的总产量占世界粮食作物产量第三位，仅低于玉米和小麦。

水稻　　　　　　　　　　　　　　　稻田

一　优质高产水稻的基本条件

（一）气候条件

水稻喜高温、多湿、短日照，对土壤要求不严，水稻土最好。幼苗发芽最低温度 10～12℃，适宜温度 28～32℃。分蘖期日均 20℃以上，穗分化适宜温度 30℃左右；低温使枝梗和颖花分化延长。抽穗适宜温度 25～35℃。开花适宜温度 30℃左右，低于 20℃或高于 40℃受精受严重影响。相对湿度 50%～90% 为宜。穗分化至灌浆盛期是结实关键期；营养状况平衡和高光效的群体，对提高结实率和粒重意义重大。抽穗结实期需大量水分和矿质营养，同时需增强根系活力和延长茎叶功能期。每形成 1kg 稻谷需水 500～800kg。

（二）土壤条件

土壤条件也严重影响着水稻的高产栽培，因此有必要在种植前确定土壤成分并注意肥料的平衡，质地比较疏松且有机肥含量比较高的土壤，有助于提高水稻产量。

二　育苗前的种子处理

（一）种子的选用

用上一年收获的种子，常温下水稻种子寿命只有 2 年。含水率 13% 以下，贮藏温度在 0℃以下，可以延长种子寿命，但种子的成本会大大提高。因此，常规水稻一般不用隔年种子。只有生产技术复杂，种子成本高的杂交稻种，才用陈种。

（二）种子量

每公顷需要的种子量，移栽密度 30cm×13.3cm 时需 40kg 左右，移栽密度 30cm×20cm 时需 30kg 左右，移栽密度 30cm×26.7cm 时需 20kg 左右。

（三）晒种

水稻晒种选晴天将种子置于阳光下晒 2～3 天即可。强烈的太阳光可以起到杀菌的作用，对水稻种子的传染性病害消毒，能促进种子活力，提高种子发芽率。晒种时要做到摊薄、勤翻，防止破壳断粒。

（四）选种

一般是先风选或筛选，然后用 20% 盐水充分搅拌，捞出浮在上面的碎物和杂质，取出下沉饱满的种子放入清水中冲洗干净即可浸种。

（五）浸种

浸种催芽方法严格按照包装袋说明进行，先用强氯精（1kg 种子用 4g 强氯精）+2kg 水浸种；早稻（用温水）浸种 8～10 小时，单、双晚稻浸种 6～8 小时，清洗干净后日浸夜露至破胸，注意防止高温"烧芽"。注意陈种一次连续浸泡时间不能超过 10 小时，否则会影响种子发芽率。

（六）消毒

水稻种子在生长、处理、运输过程中会遭受病虫害及细菌的侵袭，可以采取高温消毒法：取热水一盆，温度控制在 50～60℃，然后将水稻种子浸泡在水中，并且不断搅拌，直至水温降至正常温度即可。另外还可以采取药水消毒，如采用 40% 的福尔马林溶液，掺拌适量的多菌灵或者百菌清，均可起到杀毒除菌的作用。

（七）秧田整理

秧田环境 地势平坦、避风向阳（旱季）、排灌方便、水源清洁、光照充足。

秧田整地 水耕水整（有水层条件下犁、耙、耖，沉实后做畦），或干耕干整水耖。

三 催芽方法

适合水稻种子催芽的温度为 25～30℃，可将种子放在空调房中催芽 12 个小时。待其破胸露白以后，就要小心的轻拿轻放，避免损坏刚出的新芽。刚出的新芽很容易折断，常温晾一段时间以后，如果有 80% 露白就可以拿到田间进行播种了。

四 苗床准备

（一）苗床选择

苗床应选择向阳、背风、地势稍高、水源近，没有喷施过除草剂，当年没有用过人粪尿、小灰且没有倾倒过肥皂水等强碱性物质的肥沃旱田地、菜园地、房前房后地等。如果没有这样的地方也可以用水田地,但水田地做苗床时,应把土靶细,没有坷垃、杂草等杂质,施用腐熟的有机肥每平方米15kg以上。

（二）育苗土准备

含有机质的草炭土、旱田土或水田土等,都可以用来做育苗土。如果要培育素质好的秧苗就应该有目标地培养育苗土,一般2份土加腐熟好的农家肥1份混合即可。

（三）苗田面积

手工插秧的情况下,30cm×20cm密度时每公顷旱育苗育150m²、盘育苗育300盘（苗床面积50m²）。30cm×26.7cm密度时每公顷旱育苗育100m²,每公顷盘育苗育200盘（苗床面积36m²）。机械插秧一般都是30cm×13.3cm密度,每公顷盘育苗育400盘（苗床面积72m²）。

（四）做苗床

育苗地化冻10cm以上就可以翻地。翻地时不管是垄台还是垄沟一定要都翻10cm左右,随后根据地势和不同育苗形式的需要自己掌握苗床的宽度和长度。先挖宽30cm以上步道土放到床面,然后把床土耙细耙平。苗床土的肥沃程度也决定秧苗素质,育苗时床面上每平方米施15kg左右腐熟的农家肥,然后深翻10cm,整平苗床。

五　播种技术

（一）播种时间

播种时间以预计插秧时的秧龄来确定。育2.5叶片的小苗时,出苗后生长的时间需要25~30天;育3.5叶片的中苗时,需要30~35天;育4.5叶片的大苗时,需要35~40天;育5.5叶片的大苗时,需要45~50天。催芽播种的条件下,大田育苗需要7天左右出苗。据此根据插秧的时间,推算播种的时间。一般4月5—20日是育苗的最佳时期,在此期间原则上先播播种量少的旱育苗,后播播种量大的盘育苗。

（二）苗床施肥与盘土配制

对土的要求是,草炭土、旱田土最好。要求结构好、养分全、有机质含量高,无草籽、无病虫害等有害生物菌体;而农家肥应是腐熟细碎的厩肥,不要用炕土、草木灰和人粪尿等碱性物质。土与农家肥的比例为7:3,充分混合后即是育苗土。有草炭土资源的地方,以40%的田土,40%腐熟草炭土,再加20%腐熟的农家肥混合,搅拌均匀,即是很好的育苗土。

1.旱育苗

把调制剂（营养土等）均匀撒在苗床上,然后深翻5cm以上,反复翻拌,使调制剂均匀混拌在5cm土层并整平。

2.盘育苗

因为土的来源不同，土的相对密度（比重）有很大差异，所以应当先确定自备土的每盘需土量。一般每盘需要准备盘土 2.0kg、覆盖土 0.75kg。先装满配置好的盘土，然后用刮板刮去深 0.5cm 的土，以备播种。

3.抛秧盘育苗

一般每盘需要准备盘土 1.5kg、覆盖土 0.5kg，配制好的盘土每个孔装满后刮平，装完土的抛秧盘摆起来备用。

（三）浇苗床底水

因为经过翻地做床等工作造成床土干燥，因此播种前一天需要对苗床浇底水。如果水浇不透出苗就不齐，出苗率也低。所以播种前一天浇水是出苗好坏的关键，要反复浇，浇透 10cm 以上，一定要让上面浇的水和地下湿土相连。

（四）播种量

盘育苗育 2.5 叶龄的苗时，每盘播催芽湿种 120g；育 3.5 叶龄的苗时，播催芽湿种 80g；育 4.5 叶龄的苗时，播催芽湿种 60g；旱育苗每平方米播催芽湿种 150～200g；抛秧盘苗每孔播 2～3 粒。播种前浇一遍透水，再把种子均匀撒在盘或床面上。播完种的盘育苗放在苗床后应把盘底的加强筋压入土中，抛秧盘育苗盘的一半压入床面，苗盘摆完后盘的四边用土封闭，以免透风干燥。

（五）覆土

盘育苗和抛秧盘，覆土后与盘的上边一平。旱育苗的覆土应当细碎，是出苗好坏的最关键的技术环节。先覆土 0.5cm 至看不到种子为止，用细眼喷壶浇一遍水，覆土薄的地方露籽时，给露籽的地方补土，然后再覆土 0.5cm 并刮平，最后用除草剂封闭。

（六）盖膜

小拱棚育苗最好采用开闭式的方法，苗床做成 2m 宽，实际播种宽为 1.8m，竹条长度 2.4m，每 0.5m 插竹条，竹条高度为 0.4m，用绳把竹条连接固定。盖塑料薄膜后，用绳把每个竹条的空儿固定，防止大风掀开塑料薄膜。

大棚育苗的育苗设施，采用钢架式结构，标准大棚的长度是 63.63m、宽 5.4m、高 2.7m，每 0.5m 插一骨架（钢管），两边围裙高 1.65m，钢管与钢管之间用横向钢管固定，两面留有门。用三幅塑料膜覆盖，顶棚用一个膜盖到边围裙下 0.2m，两边围裙各盖一个膜到顶棚膜上 0.2m，每个钢架中间用绳等物固定塑料膜。

中棚是农户创造的介于小棚和大棚的中间型棚，生产上使用的中棚有很多方式，中棚的高度应该高于作业者的身高，其他方法参考大棚育苗盖膜方法。

六　肥水运筹

（一）施肥

氮肥施用原则是：前重、中控、后补。亩产 500kg 的稻田纯氮不少于 10kg，亩产 600kg 的稻田纯氮不少于 12.5kg，亩产 650kg 以上的稻田纯氮不少于 15kg，氮、磷、钾肥配合施用，氮、磷、钾比例虽因不同土质而异，但大致比例为 1∶0.7∶1，并尽量增施有机肥。氮肥总用量的 70% 做基肥，移栽活蔸后每亩追施 5～8kg 尿素促分蘖。孕穗至破口期每亩追施 3～5kg 尿素做穗粒肥，效果非常明显。以增穗和提高结实率为主攻目标，采取多穗途径取得高产。

（二）管水

寸水返青　秧苗移栽活蔸后，稻田保持 1～2 寸深水层。移栽后遇低温，则白天灌浅水，晚上灌深水。

浅水促分蘖　水稻移栽返青后，浅灌 1 寸左右，并适度排水露田，有利于提高土壤温度，增加土壤通透性，健根壮体，早促分蘖。

苗足晒田　待大田进入分蘖末期，为了控制后期无效分蘖，及时放水晒田，一般采取多次露田和轻晒相结合的方法，施肥过多、稻苗生长过旺及泥脚深的田块重晒。

有水孕穗、抽穗　幼穗分化前期复水至抽穗，保持田间浅水层。

干湿壮籽　抽穗后应采取干湿交替灌溉，泥浆管理，结合多次晒田，以提高泥温，增加土壤通透性。

七　田间管理

（一）分蘖期管理

保持田间湿润，促进分蘖　抛秧时田水宜浅，花皮水即可。秧苗扎根后田间可间隙灌溉，湿润促分蘖。

及时中耕除草　为节省劳力可合理施用除草剂，但要根据水稻不同移栽方式选用专用除草剂，切不可错用。

看苗追肥，促进生长均衡　旱地育的秧分蘖力强，应防止分蘖过盛，一般在施足基肥的情况下分蘖期不宜再施追肥。若田底瘦，基肥少，秧苗长得不壮，应早施少施速效肥料，氮、磷、钾、锌配合。不可多施、迟施，不可偏氮肥。

（二）幼穗分化期的管理

合理施用穗肥　在播后 60 天左右，应适量施一次穗肥，穗肥要氮、磷、钾配合（一亩总用量不超过 5kg）。若脚叶大量落黄还要喷施少量硫酸锌（150g 兑水 50kg 喷一亩）。在出穗前半个月（亮苞前），若田底肥力不足，秧稞黄而不青，宜少量施一次保花肥，以磷、钾为主，少配氮肥，一亩总用量不超过 2.5kg。若植株生长清秀则不可施保花肥。

保持水层灌溉 幼穗分化到出穗期，田间要保持一寸多水层，有利于稻株吸收养分，也有利于稳定田间温度。

（三）开花到成熟期的管理

合理灌溉，适时排水 灌溉前期田间仍应保持浅水层。进入蜡熟期后水稻生理需水要求下降，土壤水分达到饱和状态（湿润）就能满足需要，到收获前一周田间断水。

适时合理补施粒肥 从开花到灌浆结实要经过 40 多天的时间，这时谷粒增重很快，应增施粒肥，用谷粒壮少许兑 50kg 尿素喷雾，以缓和叶片枯萎速度，使出穗后同化作用提高，以利谷粒充实。此时若植株叶色正常切切不可再施肥料。

八 病虫害防治

（一）水稻主要病害及防治

水稻在生长发育过程中，由于受温、光、水、风等气象因素和土壤、品种、前茬、肥水管理、周围作物等综合因素的影响，容易发生病虫害，因此病虫害的防治要坚持"预防为主，综合防治"的原则。

1.水稻稻瘟病防治

可分为苗瘟、叶瘟、穗颈瘟等，危害水稻各部位。水稻整个生育期都有发生，病斑主要有两种：一是急性型病斑，病发时，病斑呈暗绿色，多数近圆形或椭圆形，斑上密生青灰霉层；二是慢性型病斑，病斑为梭形，有明显的"三部一线"，可以清晰看到由内而外各圈，中间为灰白色崩溃部，内圈为褐色，最外圈为黄色晕圈，病斑两端有向外延伸的坏死线。这是本病的一个重要特征，穗颈瘟常在穗下第一节穗颈上发生淡褐色或绿色的变色部分，影响结实，形成白穗、枯穗；分枝或小枝也可发病，影响病枝结实，又称"枝梗瘟"。

主要预防措施：

①采用配方施肥技术，后期做到干湿交替，促进稻叶老熟，增强抗病力。

②秧田在发病初用药；本田分蘖开始，每 3 天调查一次，主要查看植株上部 3 片叶，如发现发病中心或叶上急性病斑，即应施药防治；预防穗瘟，根据病情预报，多肥田为对象，破口期（个别抽穗）时打药。

③抓住关键时期，适时用药。早抓叶瘟，狠治穗瘟。发病初期每亩用 2% 春蕾霉素 50g，杜邦万兴水剂 30g，加水 50 ~ 60kg 喷雾。叶瘟要连防 2 ~ 3 次，穗瘟要着重在抽穗期进行保护，孕穗期（破肚期）和齐穗期是防治适期。

2.水稻稻曲病的防治

水稻稻曲病又名谷黄，又称伪黑穗病、绿黑穗病、谷花病、青粉病，俗称"丰产果"。该病只发生于穗部，危害部分谷粒。受害谷粒内形成菌丝块渐膨大，内外颖裂开，露出淡黄色块状物,即孢子座,后包于内外颖两侧,呈黑绿色,初外包一层薄膜,后破裂,散生墨绿色粉末,即病菌的厚垣孢子,有的两侧生黑色扁平菌核,风吹雨打易脱落。全国各稻区均有发生。

稻曲病只在穗部发病,一般在水稻开花至乳熟期发病,受侵染的谷粒,病菌在颖壳内生长,形成直径为 1cm 左右的"稻曲"代替米粒。稻曲病病菌萌发、发育的最适宜温度为 26~28℃,34℃ 以上或 12℃ 以下病菌不能生长。

一般预防 1~2 次,在水稻孕穗期和破口抽穗期喷药两次,可有效防治稻曲病,药剂可选用杜邦万兴兑水 60kg,还可兼治水稻叶尖枯病、云形病、纹枯病等。

3.水稻纹枯病的防治

病菌主要以菌核在土壤中越冬,也能以菌丝体在病残体上或在田间杂草等其他寄主上越冬。此病自苗期到抽穗后都可发生,一般以分蘖盛、末期至抽穗期发病为盛,尤以抽穗期前后发病更烈,主要侵害叶鞘和叶片,严重时可为害穗部和深入到茎内部。在田间,发病严重时一般矮秆阔叶品种常造成枯蔸,全兜立地枯死,全田稻株呈"癞头"状,中、高秆品种常造成植株贴地倒伏。

防治方法:打捞菌核,减少菌源。加强栽培管理,施足基肥,追肥早施,不可偏施氮肥,增施磷、钾肥,采用配方施肥技术,要掌握"前浅、中晒、后湿润"的原则。抓住防治适期,分蘖后期病穴率达15%即施药,药剂防治同稻曲病。

(二)水稻主要虫害及防治措施

危害水稻的害虫主要有稻纵卷叶螟、螟虫和稻飞虱。一般采取扑杀母蛾、消除越冬成虫、杀死幼卵、防治幼虫的措施。稻纵卷叶螟的防治适期在 2 龄幼虫高峰期,二化螟采取"狠治一代,挑治二代"的策略,在螟卵孵化高峰后 5~6 天施药。

1.稻飞虱(褐飞虱、白背飞虱、灰飞虱)

稻飞虱　外形像极小的蝉,口呈针状,卵成块产于叶鞘或叶脉两侧的脉间。

药剂防治　啶虫脒5% 可湿性粉剂,每亩 20g 兑水 60kg 喷雾。

2.水稻螟虫

二化螟　为害水稻,水稻出现枯心、枯鞘、半枯穗、死孕穗、白穗和虫伤株等症状。

药剂防治　选用杜邦普尊,每亩 30ml 兑水 60kg 喷雾。

3.稻纵卷叶螟

稻纵卷叶螟　以幼虫缀丝纵卷水稻叶片成虫苞,幼虫匿居其中取食叶肉,仅留表皮,形成白色条斑,致水稻千粒重降低,秕粒增加,造成减产。

药剂防治　防治应做到适时用药,以第 2、3 龄幼虫高峰期用药为宜。可用杜邦凯恩,每亩 14ml 兑水 60kg 喷雾。应选择晴天的早晨、下午或阴天用药。

九 适时收割

蓄留再生稻田块的中稻要在 8 月 20 日前收割完毕;其余田块成熟后应抢晴好天气及时收获,同时实行分品种单打单收,单贮单售。

第二节 小麦种植技术

小麦类型和品种繁多,分布广,对土壤、气候条件适应性强,耐寒、耐旱、稳产、高产。小麦适于机械耕作,生产成本低,劳动生产率较高。冬小麦利用秋末及冬季低温季节,既可以与夏播作物复种,还可以与冬、春、夏作物带状间作、套种。

小麦

小麦地

一 小麦生产的土、肥、水条件

(一)土、肥、水在小麦生产中的重要作用

小麦产量和品质是品种特性(内因)和环境条件(外因)相互作用的结果。大田生产中,小麦生长发育所必需的生活条件光、温主要从自然环境中得到满足,而水、气和养分除部分来自自然环境外,主要靠人们在栽培过程中予以供应和调节,而这种调节大部分是通过土壤而发生作用。土壤是小麦生长的基础,营养和水分是小麦赖以生长的物质条件。

(二)小麦对土壤的要求

小麦对土壤的适应性较强,黏土、壤土和沙土都可以种植小麦,但要达到高产必须具备一个良好的土壤条件,以满足生育过程中对水、肥、气、热的要求。

1.深厚的耕作层

耕作层是在长期的耕作栽培措施下逐步形成的。耕作层深厚可蓄纳较多的水分,扩大施肥范围,为小麦根系发育创造有利条件。耕作层深度一般应在 30cm 以上。

2.土壤肥沃

有机质含量和养分状况是土壤肥力的重要因素。总结各地经验,产量为

6 000kg/hm^2 以上的麦田,播前土壤应具备以下指标:有机质 1% 以上,全氮 0.06% 以上,速效氮 30mg/kg 以上,速效磷 20mg/kg 以上,速效钾 40mg/kg 以上。

3.良好的土壤质地和适宜的酸、碱、盐

土壤质地直接影响小麦生长发育。重黏土或黏土,因质地细,结构紧密,通气性差,不利于小麦发芽和出苗。沙质土壤,结构松散,保水保肥能力差,养分含量低,温度变幅大,不利于小麦生长和越冬。最适宜种植小麦的土壤是壤土,这类土壤具有较强的保水保肥能力,磷钾含量高,有利于小麦出苗和根系发育,增产潜力大。土壤容重以 1.14 ~ 1.365g/cm^3、孔隙度以 50% ~ 55% 为好。这样的土壤抗旱、抗涝、保肥、耕性好,有利于提高整地质量。

小麦在微酸性和微碱性土壤上均能生长,但最适宜的土壤酸碱度为 pH 值 6.8 ~ 7.0,即以中性反应的土壤为宜。

4.土地平整

土地平整是防止肥水流失,保证灌溉质量,确保全苗、匀苗、齐苗和壮苗的重要措施,也是提高播种、管理、收割等各项作业质量的基础。所以有灌溉条件的麦田,地面坡降应控制在 0.1% ~ 0.3% 范围内。

(三)合理施肥

1.高、中产麦田

高产麦田地力水平高,生产条件好,连年氮肥投入量过大,但钾肥投入相对不足。在施肥上要增加有机肥的投入,全面实施秸秆还田,遵循控氮稳磷增钾补微的原则。高产麦田(500kg/亩以上)亩施有机肥 4m^3、纯氮(N)14 ~ 17kg、磷(P_2O_5)8 ~ 10kg、钾(K_2O)8 ~ 10kg。施肥方式:磷肥一次底施;氮肥 30% 底施,60% 拔节期追施,10% 于小麦孕穗期追施;钾肥 70% 底施,30% 拔节期追施。中产麦田亩施有机肥 3.5m^3、纯氮(N)12 ~ 15kg、磷(P_2O_5)7 ~ 8kg、钾(K_2O)5 ~ 8kg。施肥方式:氮肥 40% 底施,60% 拔节期追施;钾肥 70% 底施,30% 拔节期追施;磷肥一次底施。微肥施用,可选用硫酸锌或硫酸锰拌种,每千克种子用肥 2 ~ 4g。小麦生长中后期喷施磷酸二氢钾,以增加小麦千粒重。

2.晚播麦田

晚播麦田因腾茬晚,播种后延,冬前积温不足,要重肥促苗,以达到冬前苗壮,春季转化快的目的。高产田亩施有机肥 3m^3 以上,纯氮(N)14 ~ 15kg、钾(K_2O)6 ~ 7kg、磷(P_2O_5)8 ~ 9kg;中产田亩施有机肥 3m^3 以上,纯氮(N)12 ~ 14kg、磷(P_2O_5)6 ~ 7kg、钾(K_2O)5 ~ 6kg。施肥方式:氮肥 40% ~ 50% 底施,50% ~ 60% 拔节期追施;磷钾肥一次底施为宜。中后期针对性叶面喷施多元微肥。另外,麦棉套作区由于钾消耗量较大,

可适当增加钾肥用量。

（四）合理灌溉

1.小麦的耗水量

小麦耗水量是指小麦从播种到收获整个生育期间消耗水分的总量。水浇麦田耗水量常在 1 500 ~ 5 250m³/hm²。

2.麦田灌溉技术

畦灌　凡地势平坦，坡降在 0.2% ~ 0.8% 范围内，土壤无盐碱的地块，宜采用畦灌法。

沟灌　这种灌水方法主要适用于坡降大（1.0% ~ 2.5%）、土层薄（40 ~ 80cm）、土壤板结、渗水性差的地块。

格田灌溉　格田灌适用于地势平坦（坡降在 0.1% 以下）而土壤含有一定盐碱的地区。格田灌是一种淹灌形式，灌后地面板结，应及时耙地松土，防止返盐。

喷灌　喷灌易控制土壤湿润深度，对地形要求不严格，不易造成地面径流和产生渗漏现象。喷灌比地面灌溉一般可节约用水 30% ~ 60%。喷灌在干旱地区有利于扩大灌溉面积；在坡地上可防止土壤冲刷，减少土、肥流失；在盐渍化地区可防止地下水位上升造成次生盐渍化。喷灌能减少土壤板结，保持土壤疏松，利于根系发育。喷灌还可以减轻小麦受干热风危害。

滴灌　在目前各种灌溉方式中，滴灌用水最省，效率最高，不易造成土壤板结，有利于根系生长，增加产量。

二　冬小麦栽培技术

（一）播前准备

1.麦田土壤耕作

种小麦的地都要求深耕，深耕能加深耕层，改善土壤的通气性，增强土壤的保水保肥能力，促进土壤微生物的活动和土壤养分的转化。这些都有利于小麦根系向纵向深发展，有利于提高产量。土壤耕翻深度，应根据原来的基础和土质而定，机耕深度一般在 25 ~ 30cm，不应浅于 22cm。播前整地以"齐、平、松、碎、净、墒"六字要求作为作业质量指标。

2.种子准备

选用发芽率高、发芽势强、无病虫、无杂质的大而饱满、整齐一致的种子，播种后出苗快、出苗整齐，而且根系多，幼苗叶片大，分蘖好，有利于培育壮苗，是增产的重要措施之一。在大田生产中一般种子净度应在 98% 以上，发芽率不低于 96%。

晒种　晒种一般在播前 2 ~ 3 天，选晴天晒 1 ~ 2 天。晒种可以促进种子的呼吸作用,提高种皮的通透性,加速种子的生理成熟过程,打破种子的休眠期,提高种子的发芽率和发芽势,消灭种子携带的病菌,使种子出苗整齐。

病害防治　除不从疫区引种外,凡是带病种子都要认真进行防病处理。如用多菌灵拌种,对土传的雪霉病和雪腐病等也有一定的防治作用。用内吸粉锈宁处理种子,对气传的锈病和白粉病以及对花器传染的散黑穗病的防治,也有重要作用。

虫害防治　药剂拌种既可防治地下害虫如地老虎、金针虫和蝼蛄等,又能防治苗期为害地上部分的麦蚜、黑森瘿蚊和白翅潜叶蝇等。

（二）播种

1.适期播种

适宜的播种期,须根据当地气候特点和品种特性等确定,以小麦入冬前能达到壮苗为标准。壮苗一般从两个方面衡量,一是个体,二是群体。北方冬麦区,一般中量播种的麦田,入冬前基本苗 300 万株 /hm² 左右,单株主茎长出 5 ~ 6 片叶,单株分蘖 2 ~ 4 个,蘖大而壮,次生根 4 ~ 6 条,总茎数 900 万 ~ 1 200 万茎 /hm²。肥水条件较好的麦田,在精量播种的情况下,入冬前基本苗 150 万株 /hm² 左右,单株长出 6 ~ 7 片叶,分蘖 3 ~ 5 个,不徒长,次生根 6 ~ 8 条,总茎数 900 万 ~ 1 050 万茎 /hm²。

2.合理密植

合理密植的主要标志是个体健壮、群体结构合理。只有使个体和群体、营养器官与结实器官的生长相互协调,才能充分有效地选用温、光、水、肥等条件,提高光合生产率,达到穗大、粒多、粒饱,夺取高产。

3.选择播种方式

等行距播种的特点:麦苗在田间分布比较均匀,容易保证一定数量的基本苗,对光能和地力的利用比较充分,植株生长一致,能维持合理的群体结构。但这种播种方式行距太窄,既不利于通风透光,又不利于中耕、锄草、深施肥等田间管理,因而不太适合于高产田栽培。

宽窄行条播的特点:宽窄行的格式有多种,一般都是用 24 行谷物播种机进行行距调整,宽行是 20cm,窄行是 10cm,互相间隔。在单产 5 250 ~ 6 000kg/hm² 栽培情况下,宽窄行栽培一般能够增产。采用宽窄行播种,必须与中耕、锄草等配套措施相结合,否则,在宽行中容易滋长杂草,盐碱地上容易出现返碱,反而导致减产。

4.机械化播种作业质量要求

小麦播种质量的好坏,直接影响全苗、齐苗、匀苗和壮苗。为保证机械化播种质量,以"播行端直,下籽均匀,接行准确,播深一致,覆土良好,镇压确实,行距固定,提放整齐"这八句话作为机械化播种质量的各项具体要求。

（三）冬前及冬季田间管理的主要措施

1.查苗补种

播种后,应及时查看出苗情况,如发现点片缺墒,应及时补水。若发现缺苗断垄现象应及时补种,补种时须用浸水一昼夜的种子,以缩小田间苗龄差距。

2.临冬追肥

临冬施肥养分在土壤中损失很少,对春季发苗比返青施肥效果显著。但底肥充足、苗壮蘖足的麦苗,一般不需临冬施肥,以防春季肥效过头,造成群体过大,植株倒伏。临冬施肥用量不宜过大,一般施尿素 90~120kg/hm²。也不宜过早,应在 10 月底至 11 月初麦苗接近停止生长即临冬灌水之前,用机器深施 4~5cm。

3.适时冬灌

冬灌具有贮水防旱、稳定地温、防冻、压盐的作用,有利于麦苗安全越冬和返青生长。冬灌的最好时机是"夜冻日消"之时,以日间气温 5~30℃时为好,北方大致在 10 月底至 11 月上旬,南方大致在 11 月中旬。一般麦田冬灌 1~2 次,每次灌水 900~1 200m³/hm²,需要压盐的碱地可适当加大水量,但一般不能超过 1 500m³/hm²。

4.越冬保苗

在冬季常会有一些因素导致麦苗越冬死亡,如冻害、盐碱害、病害、干旱等,要因地制宜,采用综合的有效措施。如选用抗寒性强的优良品种,适期播种,适当播深等。

（四）早春田间管理的主要措施

1.中耕、耙地

中耕、耙地不但可以提高地温,还可改善土壤通气状况,促进根系发育,减少水分蒸发,促进土壤微生物活动,消灭杂草等。中耕要根据土壤种类、墒情、苗情区别对待:低洼盐碱地土壤水分多,地温低,要早中耕,多中耕;对土壤水分不足的旱薄地,一般不提倡早春耙地或中耕松土,而应用镇压器把地压实,减轻风蚀跑墒;弱苗根少,中耕宜浅,防止伤根伤苗;对群体较大的麦田,要深耕断根改善群体结构。

2.酌施返青肥

返青肥应在小麦返青前夕或返青初期追肥,且宜弱苗多施,壮苗少施,旺苗不施。其目的在于促进麦苗返青生长,增加早春分蘖,巩固冬前分蘖,提高分蘖成穗数,并促进中部叶片增大,基部节间生长。

3.酌灌返青水

除南方地区绝大多数麦田灌返青水外,北方一般不灌返青水,凡冬灌过的地或积雪比较多的地,经过耙地、中耕松土等方式保墒,一般可以满足小麦早春生长的需要,不轻易灌水。若土壤严重失墒,土壤水分在田间持水量 60% 以下时,应适时灌好返青水。返青水灌量不宜过大,灌量一般为 $920m^3/hm^2$。

（五）中期田间管理的主要措施

1.追肥

拔节肥有普遍施、重施,以氮肥为主,氮磷结合。如施尿素,须渗入少量磷酸二铵等复合肥料,总用量 $180 \sim 225kg/hm^2$,拔节肥应采用机器深施,施肥后应及时灌水,以提高肥效。

孕穗肥应根据苗情和土壤情况灵活掌握。若植株有脱肥现象,应结合灌水,撒施尿素 $30 \sim 45kg/hm^2$。如植株叶片浓绿,则不宜再追肥。高产田不可追肥,以防贪青晚熟。

2.灌水

小麦拔节期是提高穗粒数,保花增籽的关键时期。拔节期应保持土壤田间持水量 $70\% \sim 80\%$。如低于下限 60% 应及时灌水,灌水量 $900 \sim 1\,050m^3/hm^2$。从拔节到抽穗的时间较长,保水能力差、土壤干旱的麦田,拔节期应灌水 2 次。

孕穗期是小麦花粉粒形成的重要时期,对水反应敏感,是需水"临界期",要保持田间持水量的 80% 左右。缺水会造成小花退化,穗粒数减少,产量大幅度下降。此期灌水量要大,要灌透、灌匀,一般灌水 1 次,灌水量 $900 \sim 1\,200m^3/hm^2$。

3.喷施矮壮素

对群体过大、有倒伏可能的高产麦田,应喷施矮壮素。喷药时间应在植株基部第一节间伸长 $0.1cm$ 之前,一般喷施 1 次;如群体过长,喷 2 次效果更好。喷第 2 次,宜在第二节间伸长 $0.1cm$ 之前进行。药液浓度为 0.15%,施用量 $750 \sim 1\,200kg/hm^2$。

4.防治病虫害

春天温度逐渐升高,病虫害开始发生,这个时期病虫害主要有小麦皮蓟马、蚜虫、白粉病、锈病等。

小麦蚜虫的防治从小麦拔节后就应开始。而防治小麦皮蓟马的最好时机是在挑旗后抽穗前,趁其集中在旗叶基部而尚未钻入颖壳前消灭。防治药剂一般用 2.5% 溴氰菊酯(敌杀死)和 20% 速灭杀丁,用药 $300 \sim 450kg/hm^2$。

锈病和白粉病的防治要从多方面入手:

①选用抗病品种。

②做好种子药剂处理。

③合理密植,严格水肥管理,控制发病条件,尽量使田间通风透光,防止病害发生和蔓延。

④使用药剂有 15% 粉锈宁、羟锈宁 $1\,000 \sim 1\,500$ 倍液,也可用保丰宁、植保宁、叶锈宁等 $1\,000$ 倍液防治。

（六）后期田间管理的主要措施

1.灌水

小麦"后期管理水当先"，后期需水较多，从开花到成熟的时间仅占全生育日数的 12% 左右，而耗水量则占 32% 左右，每日耗水量为拔节前的 5 倍。这一时期的土壤水分以维持田间持水量 65% ~ 80% 为宜，田间灌水一般 1 ~ 2 次，灌水量 750 ~ 900m^3/hm^2。

2.叶面施肥

小麦生育后期仍需要一定的氮、磷、钾等营养元素，以高产田和脱肥麦田为迫切。但小麦后期土壤施肥困难，且根系吸收能力减弱，一般用尿素配制成 1.5% ~ 2.0% 溶液，喷施量 1 125 ~ 1 500kg/hm^2。对叶色浓绿有贪青晚熟趋势的麦田，可喷施磷、钾肥，用磷酸二氢钾 0.2% ~ 0.4% 溶液于抽穗和灌浆初期喷施，可提高千粒重。

3.防止倒伏

应培育抗倒伏品种，改进栽培措施；另外，用药剂浸种或起身期喷施矮壮素等，均能有效地防止倒伏。

4.防御干热风

措施主要有选用抗病品种、营造防护林、合理灌水、适期早播、加强后期等，除保证麦田后期需水外，也可以采用喷石油助长剂（以扬花期和灌浆初期各喷 1 次为好，用量 1.5kg/hm^2，喷时将原液稀释 1 000 倍）。

（七）收获

1.适时收获

蜡熟中期收获，产量高、品质好。具体的收获方式，还需根据品种特性、机具状况和收割方式等确定。

2.收获方法

包括人工收获和机械收获。

小麦机械收获的主要农业技术要求：

①在收获前进行实地调查，制订好麦收计划，确定机器转移路线。

②修好道路，平好毛渠，开好割道，准备好卸粮车辆及场地。

③分段收割的麦田，于蜡熟中后期开始收获，留茬高度 15 ~ 20cm，铺晒 3 ~ 5 天后及时用康拜因捡拾脱粒。直接用联合收割机的麦田，于蜡熟后期开始收割。

④留茬高度一般以 15cm 左右为宜。

⑤对康拜因收割质量的要求是，收获过程中的总损失不得超过 5%，籽粒破碎率在 2.5% 以下，籽粒脱净度应达 97% 以上。

第三节　玉米种植技术

玉米是我国第一大粮食作物，在全国各省市自治区都有种植，作为粮、经、饲兼用的作物，对整个国民经济发展有着巨大的影响。

玉米

玉米地

一　种子准备及播种技术

（一）种子准备

1.优良品种选择

品种选择　一般建议农民朋友根据当地情况选用生育期适宜、产量高、抗病强的优良品种。而且玉米种子的净度不能低于98%，要求发芽率高，含水率低。

玉米有普通玉米、甜玉米、黑玉米、糯玉米及高油玉米等种类，其中普通玉米含有丰富的膳食纤维，可以帮助消化；甜玉米中含糖量高；黑玉米中赖氨酸的含量丰富，可以帮助人体代谢；高油玉米的含油量高，可以作为榨油的原材料。

知识拓展

如何选择适宜的玉米品种

适宜当地环境资源　根据玉米种植类型选用对路品种。春播玉米要求生长期较长、单株生产力高、抗病性强的品种；夏播玉米要求早熟、矮秆、抗倒伏品种；套种玉米则要求早熟、株型紧凑、优质、抗病、高产的品种。

与前茬种植作物相协调　品种玉米的增产增收与前茬种植有直接关系。

根据病害选种　病害是玉米丰产的克星，主要与土壤有关。土壤养分不平衡，地温不正常，选种时应避开不适宜此条件生长的品种。

根据种子外观选种　玉米品种纯度的高低和质量的好坏直接影响到玉米产量的高低，玉米一级种子（纯度98%）的纯度每下降1%，其产量就会下降0.61%。

2.做好种子处理

选用包衣种子　包衣剂由杀虫剂、杀菌剂、复合肥料、微量元素、植物生长调节剂、保水剂和成膜物质加工而成,能够在播种后抗病、抗虫、抗旱,促进生根发芽。

选用无包衣的种子　无包衣的种子首先进行精选种子,剔除虫籽、秕籽、畸形籽,留饱满、成熟一致的种子做种。同时播种前做到晒种 2 ~ 3 天,晒种可提高种皮透性和吸水力,提高酶的活性,促进呼吸作用和营养物质转化,提高出苗率 13% ~ 28%,早出苗 1 ~ 2 天,增产 6.4%。

浸种　浸种可使种子提早出苗。冷水浸种 6 ~ 12 小时。温汤浸种,水温为 55 ~ 57℃,浸泡 4 ~ 5 小时。温汤浸种能杀死附在种子表面的炭疽病、黑粉病孢子等病原体物。用某些生长调节剂进行种子处理可达到促进苗期根系的生长或矮化壮苗的效果(如玉米健壮素、多效唑)。

药剂拌种　用种子包衣剂 1 号或 4 号,按种子量 2% 拌种,可防治地下害虫,保苗率达 95% 以上,可以防治苗期地老虎、黏虫、蓟马等。

（二）播种技术

1.确定播期

玉米的适宜播种期主要根据玉米的种植制度、温度、墒情和品种来决定。既要充分利用当地的气候资源,又要考虑前后茬作物的相互关系,为后茬作物创造较好条件。

春播玉米　根据土壤温度、土壤水分及降水情况来确定。一般在 5 ~ 10cm 地温稳定在 10 ~ 12℃时即可播种,东北等春播地区可从 8℃时开始播种。在无水浇条件的易旱地区,适当晚播可使抽雄前后的需水高峰赶上雨季,避免"卡脖旱"。

套种玉米　套种玉米的播期因种植方式和品种特性而定,可从 5 月上旬延续到 6 月上旬,在前茬作物收获前 10 天左右播种。

轮作夏玉米　在前茬收后及早播种,越早越好。套种玉米在套种行较窄地区,一般在麦收前 7 ~ 15 天套种或更晚些;套种行较宽的地区,可在麦收前 30 天左右播种。

2.播种方法

播种方法主要有条播和点播两种。点播按计划的株行距进行穴播。套种玉米多采用此法。条播采用机械播种,工效较高,适用于大面积种植。

等行距种植　种植行距相等,一般为 60 ~ 70cm,株距随密度而定。其特点是植株抽穗前,叶片、根系分布均匀,能充分利用养分和阳光。播种、定苗、中耕除草和施肥时便于操作,便于实行机械化作业。但在高肥水、高密度条件下,生育后期行间郁蔽,光照条件较差,群体个体矛盾尖锐,影响产量进一步提高。

宽窄行种植　也称大小垄,行距一宽一窄,宽行为 80 ~ 90cm,窄行为 40 ~ 50cm,株距根据密度确定。其特点是植株在田间分布不均匀,生育前期对光能和地力利用较差,但能调节玉米后期个体与群体间的矛盾。在高密度、高肥水的条件下,由于大行加宽,有利于中后期通风透光,使"棒三叶"处于良好的光照条件之下,有利于干物质积累,产量较高。但在密度小、光照矛盾不突出的条件下,大小垄就无明显的增产效果,有时反而减产。

密植通透栽培模式 玉米密植通透栽培技术是应用优质、高产、抗逆、耐密优良品种,采用大垄宽窄行、比空间作等种植方式,良种、良法结合,通过改善田间通风、透光条件,发挥边际效应,增加种植密度,提高玉米品质和产量的技术体系。通过耐密品种的应用,改变种植方式等,实现种植密度比原有栽培方式增加 10% ~ 15%,提高光能利用率。

①小垄比空技术模式:即采用种植 2 垄或 3 垄玉米空 1 垄的栽培方式。可在空垄中套种或间种矮棵早熟马铃薯、甘蓝、豆角等。在空垄上间种早熟矮棵作物,如间种油豆角或地覆盖栽培早大白马铃薯。当玉米生长至拔节期(6 月末左右),早熟作物已收获,变成了空垄,改善了田间通风透光环境,使玉米自然形成边际效应的优势,从而提高产量。

②大垄密植通透栽培技术模式:即把原 65cm 或 70cm 的 2 条小垄合为 130cm 或 140cm 的一条大垄,在大垄上种植 2 行玉米,2 行交错摆籽粒,大垄上小行距 35 ~ 40cm。种植密度较常规栽培增加 4 500 ~ 6 000 株 /hm²。

单粒播种技术 也称玉米精密播种技术,用专用的单粒播种机播种,每穴只点播一粒种子,具有节省种子、不需要间苗和定苗、经济效益好的优点。

玉米精密播种(单粒播种)技术适用于土壤条件好、种子纯度高、发芽率高、病虫害防治措施有保证的玉米地块。要求种子净度不低于 99%、纯度不低于 98%、发芽率保证达到 95%、含水量低于 13%。选定品种后,要对备用的种子进行严格检查,去掉伤、坏或不能发芽的种子以及一切杂质,基本保证种子几何形状一致。

3.播量和密度

种子粒大、发芽率低、密度大,条播时播种量宜大些;反之,播种量宜小些。一般条播播种量为 45 ~ 60kg/hm²,点播播种量为 30 ~ 45kg/hm²。

地力较差和施肥水平较低的,密度应小一些,早熟品种、竖叶型品种,可适当密一些。根据现有品种类型和栽培条件,夏玉米一般适宜种植密度为:平展型晚熟高秆杂交种 3 000 ~ 3 500 株 / 亩,平展型中熟中秆杂交种 3 500 ~ 4 000 株 / 亩,平展型早熟矮秆杂交种 4 000 ~ 4 500 株 / 亩,紧凑型中晚熟杂交种 4 000 ~ 4 500 株 / 亩,紧凑型中早熟杂交种 4 500 ~ 5 000 株 / 亩。

4.播种深度

一般播深要求 3 ~ 5cm。土质黏重、墒情好时,可适当浅些;反之,可深些。玉米虽然耐深播,但最好不要超出 10cm。

5.基肥与种肥施用方法

玉米施肥原则是基肥为主,追肥为辅;有机肥为主,化肥为辅,有机与无机配合;氮磷钾配合,基肥、种肥及追肥平衡配合施用。玉米各种肥料施用方法如下:

基肥   基肥是播种前施用的肥料,也称底肥,通常应该以优质有机肥料为主,化肥为辅。其重要作用是培肥地力,疏松土壤,缓慢释放养分,供给玉米苗期和后期生长发育的需要。有条施、撒施和穴施 3 种方法。以集中条施和穴施效果最好,施肥时应使肥料靠近玉米根系,容易吸收利用。

种肥   种肥主要满足幼苗对养分的需要,保证幼苗健壮生长。在未施基肥或地力差时,种肥的增产作用更大。硝态氮肥和铵态氮肥容易为玉米根系吸收,并被土壤胶体吸附,适量的铵态氮对玉米无害。在玉米播种时配合施用磷肥和钾肥有明显的增产效果。种肥施用数量应根据土壤肥力、基肥用量而定。种肥宜穴施或条施,施用的化肥应通过土壤混合等措施与种子隔离,以免烧种。磷酸二铵做种肥比较安全;碳酸氢铵、尿素做种肥时,要与种子保持 10cm 以上距离。

二 田间管理主要技术措施

(一)苗期管理

玉米从出苗到拔节为苗期。一般春玉米经历 30 ~ 35 天,夏玉米 20 ~ 25 天。玉米苗期的生育特点,是以根系生长为中心,其次是叶片,属于营养生长阶段。苗期主攻目标是培育壮苗,做到苗全、苗齐、苗匀、苗壮。壮苗标准是根系发达,茎基扁宽,叶片宽厚,叶色深绿,新叶重叠,幼苗敦实。具体促控措施如下:

化学除草   播种后要及时进行化学除草,采用土壤封闭或茎叶处理。在玉米播后苗前,浇过地后,趁墒每亩用甲草已莠 250g 兑水 80kg 喷雾。

间苗、定苗   间苗在 3 ~ 4 叶时进行,定苗在 5 ~ 6 叶时进行,应去弱留强,所留苗大小一致,按计划要求的密度计算好株距,并尽量做到株距均匀。

追施苗肥   要普遍施用苗肥,促苗早发。苗肥在玉米 5 叶期施入,将氮肥总用量的 30% 及磷钾肥沿幼苗一侧(距幼苗 15 ~ 20cm)开沟(深 10 ~ 15cm)条施或穴施。

蹲苗促壮   通过蹲苗控上促下,培育壮苗。方法是在苗期不施肥、不灌水、多中耕。苗色深绿,长势旺,地力肥,墒情好的情况下才蹲苗,否则不蹲。蹲苗时间一般不超过拔节期,夏玉米一般不需要蹲苗。

中耕除草   一般中耕 2 ~ 3 次。深度应掌握“两头浅,中间深”的原则。

病虫害防治   适时防治蓟马、黏虫、棉铃虫、甜菜夜蛾等害虫。

（二）穗期管理

玉米从拔节到抽雄为穗期。春玉米一般经历 25～35 天，夏玉米 20～30 天。穗期的生育特点是营养生长与生殖生长并进。玉米穗期田间管理主攻目标是通过肥水措施壮秆、促穗。具体措施如下：

追肥、灌水　玉米拔节至抽雄期追肥，一般进行两次。第一次在拔节期前后施入，称为攻秆肥。第二次在大喇叭口期追施，称为攻穗肥。从拔节到抽穗，特别是从大喇叭口期，玉米进入水分临界期，可结合拔节期和大喇叭口期的追肥进行灌水。

中耕培土　在拔节期施入攻秆肥后随即进行第一次中耕，兼有除草、覆盖化肥的作用。第二次中耕可于大喇叭口期施入攻穗肥后进行，并培土。培土要求垄高 10～15cm，宽 30～35cm。

去蘖　玉米拔节前即有分蘖长出。分蘖的多少除与品种特性有关外，与外界条件关系也很密切。目前大面积推广的玉米单交种分蘖一般不能成穗，应及时去蘖。去蘖时要防止松动主茎根系。

化控调节　在穗期喷施生长调节剂（如玉米健壮素等），能够调节株型，促根防倒。

病虫害防治　主要病虫害有玉米褐斑病、玉米茎基腐病、玉米青枯病、玉米瘤黑粉病、玉米螟。

（三）花粒期管理

从抽雄到成熟为花粒期。春玉米一般 45～50 天，夏玉米 30～40 天。花粒期营养生长基本停止，进入生殖生长阶段，是开花、籽粒形成和增重的关键时期，即决定籽粒数和粒重的时期。花粒期的主攻目标是提高总结实粒数和千粒重，栽培中心环节是养根保叶，防止早衰，增加群体光合作用量，促进有机物质向籽粒运输。

补施粒肥　玉米后期如脱肥，用 1% 的尿素+92% 磷酸二氢钾进行叶面喷洒。喷洒时间最好在下午 4 时后。也可在抽雄期再补施 5～7kg 尿素。

保墒防衰　玉米生育后期，保持土壤较好的墒情，可提高灌浆速度，增加粒重，并可防治植株早衰。此时土壤干旱要及时灌水。

三　常发性病虫害及防治

病虫害防治应贯彻"防治为主，综合防治"的方针。其主要病虫害有以下几种：

（一）玉米黑粉病

症状　玉米整个生长期地上部分均可受害，但在抽雄期症状表现突出。植株各个部分可产生大小不一的瘤状物，大的病瘤直径可达 15cm，小的仅达 1～2cm。初期瘤外包一层白色发亮的薄膜，后呈灰色，干裂后散出黑粉。叶片上有时产生豆粒大小的瘤状堆。雄穗上产生囊状的瘿瘤。其他部位则多为大型瘤状物。

发病条件和传播途径　高温干旱,施氮肥过多,病害易发生。以病菌的厚垣孢子在土中或病残体及堆放的秸秆上越冬。越冬的厚垣孢子萌发产生小孢子,通过气流、雨水和昆虫传播。从植株幼嫩组织、伤口、虫伤处侵入为害。

防治技术　实行轮作;重病区栽培抗病品种;加强栽培管理,避免氮肥过多,抽雄前后要保证水分供应;田间早期发现病瘤应及时刈除并深埋,秋收后彻底清除病残体,进行深翻,可减少初侵染源。播种时用种子量0.4%的20%粉锈宁乳油拌种,同时以多菌灵等杀菌剂进行土壤和粪肥处理。生长期彻底防治玉米螟等虫害。

(二)玉米大斑病

症状　主要危害叶片,严重时波及叶鞘和苞叶。田间发病始于下部叶片,逐渐向上发展。发病初期为水渍状青灰色小点,后沿叶脉向两边发展,形成中央黄褐色,边缘深褐色的梭形或纺锤形的大斑,湿度大时病斑愈合成大片,斑上产生灰黑色霉状物,致病部纵裂或枯黄萎蔫,果穗苞叶染病,病斑不规则。

发病条件　在七八月份雨季易于发病。温度18~22℃,高湿,尤以多雨多雾或连阴雨天气,可引起该病流行。

防治方法　当病叶率达20%时,用70%代森锰锌500~800倍液喷洒,隔7~10天喷一次,连续2~3次。

(三)玉米小斑病

症状　主要危害叶、茎、穗、籽等,病斑椭圆形、长方形或纺锤形,黄褐色、灰褐色。有时病斑上具轮纹,高温条件下病斑出现暗绿色浸润区,病斑呈黄褐色坏死小点。

传播途径　温度高于25℃和雨日多的条件,一般发病重。

防治方法　参照玉米大斑病防治方法。

(四)玉米螟

为害状　玉米螟取食叶肉或蛀食未展开心叶,造成花叶;抽穗后钻蛀茎秆,使雌穗发育受阻而减产。蛀孔处遇风易断,则减产更严重。幼虫直接蛀食雌穗嫩粒,造成籽粒缺损、霉烂、变质。

发生条件和传播途径　一般越冬基数大的年份,田间1代卵量和被害株率就高。越冬幼虫耐寒力强,冬季严寒对其影响不大,春寒能延迟越冬幼虫羽化。湿度是玉米螟数量变动的重要因素。越冬幼虫咬食潮湿的秸秆或吸食雨水、雾滴,取得足够水分后才能化蛹、羽化和正常产卵。低湿对其化蛹、羽化、产卵和幼虫成活不利。以高龄幼虫在寄主植物秸秆、穗轴内越冬,来春化蛹、羽化、成虫产卵于寄主植物叶背,孵化成幼虫后形成为害。

防治技术　消灭越冬虫源。在越冬幼虫羽化前,将玉米、高粱等有虫秸秆做燃料、铡碎沤肥和封存穗轴是消灭越冬幼虫、压低虫源基数的有效措施。于玉米大喇叭口期采用"三指一撮"法以 1.5% 辛硫磷颗粒剂按每亩 1.5～2kg 用量灌心，防治效果明显。心叶中期撒施白僵菌颗粒剂，即将含菌量为 50 亿～500 亿/g 的白僵菌孢子粉 500g 与过筛的煤渣 5kg 拌匀，撒施于玉米心叶中。

（五）黏虫

为害状　以幼虫取食为害，属杂食性害虫。主要咬食叶片，形成缺刻。

发生条件和传播途径　黏虫喜温暖高湿的条件，在一代黏虫迁入期的 5 月下旬至 6 月降雨偏多时，二代黏虫就会大发生。高温、低湿不利于黏虫的生长发育。黏虫为远距离迁飞性害虫。

防治技术　冬小麦收割时，为防止幼虫向秋田迁移为害，在邻近麦田的玉米田周围以 2.5% 敌百虫粉，撒成 4 寸宽药带进行封锁；玉米田在幼虫 3 龄前以 20% 杀灭菊酯乳油 15～45g/亩，兑水 50kg 喷雾，或用 5% 灭扫利 1 000～1 500 倍液、40% 氧化乐果 1 500～2 000 倍液或 10% 大功臣 2 000～2 500 倍液喷雾防治。低龄幼虫期以灭幼脲 1～3 号 200 ppm 防治黏虫幼虫，药效在 94.5% 以上，且不杀伤天敌，对农作物安全，用量少不污染环境。

四　收获

食用玉米一般于苞叶变白、籽粒变硬的完熟期收获，饲用的青贮玉米宜在乳熟末期至蜡熟期收获。

第四节　高粱种植技术

高粱又名蜀黍、芦粟、秫秫，是世界居水稻、玉米、小麦、大麦后的第五大谷类作物，也是我国最早栽培的禾谷类作物之一。

高粱

高粱地

一　选地、选茬、整地及选种

（一）选地

选地高粱具有抗旱、耐涝、耐盐碱、耐瘠薄、适应性广等特点,对土壤的要求不太严格,在沙土、壤土、沙壤土、黑钙土上均能良好生长。但是,为了获得产量高、品质好的种子,高粱种子种植田应设在最好田块上,要求地势平坦,阳光充足,土壤肥沃,杂草少,排水良好,有灌溉条件。

（二）选茬

轮作倒茬是高粱增产的主要措施之一。高粱种植忌连作,连作一是造成严重减产,二是病虫害发生严重。高粱植株生长高大,根系发达,入土深,吸肥力强,一生从土壤中吸收大量的水分和养分,因此合理的轮作方式是高粱增产的关键,最好前茬是豆科作物。一般轮作方式为:大豆—高粱—玉米—小麦或玉米—高粱—小麦—大豆。

（三）整地

为保证高粱全苗、壮苗,在播种前必须在秋季前茬作物收获后抓紧进行整地作垄,以利于蓄水保墒,延长土壤熟化时间,达到春墒秋保,春苗秋抓目的。结合施有机肥、耕翻、耙压,要求耕翻深度在 20～25cm,有利于根深叶茂,植株健壮,获得高产。在秋翻整地后必须进行秋起垄,垄距以 55～60cm 为宜。早春化冻后,及时进行一次耙、压、耢相结合的保墒措施。

二　种子准备

（一）良种的选择

根据市场的需求、当地的气候条件、土壤的肥水条件选用品种,选择适宜当地种植的高产、抗性强的高粱杂交新品种作为生产用种。

（二）种子处理

发芽试验　掌握适宜播种量是确保全苗高产的关键。播种前要根据高粱种子的发芽率确定播种量,一般要求高粱杂交种发芽率达到85%～95%以上,根据种子不同的发芽率确定播种用量,如果发芽率达不到标准要加大播种量。

选种、晒种　播种前选种可将种子进行风选或筛选,淘汰小粒、瘪粒、病粒,选出大粒、籽粒饱满的种子为生产用种,并选择晴好的天气,晒种 2～3 天,提高种子发芽势,播后出苗率高,发芽快,出苗整齐,幼苗生长健壮。

药剂拌种　在播种前进行药剂拌种,可用 25% 粉锈宁可湿性粉剂,按种子量的0.3%～0.5% 拌种,防治黑穗病,也可用 3% 呋喃丹或 5% 甲拌磷,制成颗粒剂,与播种同时施下,防治地下害虫。

三　播种

（一）适时播种

高粱要适时早播、浅播，掌握好适宜的播种期及播种量是确保苗全、苗齐、苗壮的关键。影响高粱保苗的主要因素是温度和水分，高粱种子的最低发芽温度为 7 ~ 8℃，种子萌动时不耐低温，如播种过早，易造成粉种或霉烂，还会造成黑穗病的发生，影响产量，因此要适时播种。

要依据土壤的温湿度、种植区域的气候条件以及品种特性选择播期。一般土壤深度 5cm 内、地温稳定在 12 ~ 13℃、土壤湿度在 16% ~ 20% 播种为宜（土壤含水量达到手攥成团、落地散开时可以播种）。

（二）播种方法

采用机械播种，速度快、质量好，可缩短播种期。机械播种作业时，开沟、播种、覆土、镇压等作业连续进行，有利于保墒。垄距 65 ~ 70cm，垄上双行，垄上行距 10 ~ 12cm（牧草用饲用高粱可适当缩减行距），播种深度一般为 3 ~ 4cm。土壤墒情适宜的地块要随播随镇压，土壤黏重地块则在播种后镇压。

除机械播种外，采用三犁川坐水种，三犁川的第一犁深耥原垄垄沟，把氮、钾肥深施在底层，磷肥施在上层。第二犁深破原垄，拿好新垄。4 小时后压好碴子保墒，以备第三犁播种用。第三犁首先耙开垄台，浇足量水用手工点播已催芽种子，防止伤芽。点播后覆土，覆土厚度要求 4cm 以下，过 6 小时用镇压器压好保墒。采用这种方法播种的种子出苗快，齐而壮，7 天可出全苗，避免因低温造成粉种。硬茬可采取坐水催芽扣种的办法。

四　田间管理

（一）合理密植

高粱是单穗作物，提高和稳定单穗重和增加株数是增产最直接有效的，只要在播种、定苗阶段合理操作就能实现。

一般间套栽培的亩植 5 000 ~ 6 000 株，即行距 66.7cm，窝距 40cm，每窝分开栽双株。净作栽培的亩植 8 000 株，栽插规格可采用 1 ∶ 43cm×40cm 或 50cm×33cm 双株分栽或 2 ∶（50+26）cm×23cm 规格宽窄行单株栽插。

（二）间苗定苗

高粱出苗后展开 3 ~ 4 片叶时进行间苗，5 ~ 6 片叶时定苗。间苗时间早可以避免幼苗互相争养分和水分，减少地方消耗，有利于培育壮苗；间苗时间过晚，苗大根多，容易伤根或拔断苗。低洼地、盐碱地和地下害虫严重的地块，可采取早间苗、晚定苗的办法，以免造成缺苗。

（三）中耕除草

分人工除草和化学除草。高粱在苗期一般进行 2 次铲耥。第一次可在出苗后结合定苗时进行,浅铲细铲,深耥至犁底层不带土,以免压苗,并使垄沟内土层疏松;在拔节前进行第二次中耕,此时根尚未伸出行间,可以进行深铲,松土,耥地可少量带土,做到压草不压苗;拔节到抽穗阶段,可结合追肥、灌水进行 1~2 次中耕。

化学除草要在播后 3 天进行,用莠去津 3.0~3.5kg/hm² 兑水 400~500kg/hm² 喷施,如果天气干旱,要在喷药 2 天内喷 1 次清水,同时喷湿地面提高灭草功能;当苗高 3cm 时喷 2,4–滴丁酯 0.75kg/hm²,具体除草剂用量和方法可参照药剂说明使用,但只能用在阔叶杂草草害严重的地块,对于针叶草应进行人工除。经除草、培土,可防止植株倒伏,促进根系的形成。

（四）追肥

高粱拔节以后,由于营养器官与生殖器官旺盛生长,植株吸收的养分数量急剧增加,是整个生育期间吸肥量最多的时期,其中幼穗分化前期吸收的量多而快。因此,改善拔节期营养状况十分重要。一般结合最后一次中耕进行追肥封垄,每公顷追施尿素 200kg,覆土要严实,防止肥料流失。在追肥数量有限时,应重点放在拔节期一次施入。在生育期长,或后期易脱肥的地块,应分两次追肥,并掌握前重后轻的原则。

施肥量的确定:

$$肥料需要量(kg) = \frac{作物总吸收量(kg) - 土壤养分供应量(kg)}{肥料中该养分含量(\%) \times 肥料利用率(\%)}$$

（五）灌溉与排涝

高粱苗期需水量少,一般适当干旱有利于蹲苗,除长期干旱外一般不需要灌水。拔节期需水量迅速增多,当土壤湿度低于田间持水量的 75% 时,应及时灌溉。孕穗、抽穗期是高粱需水最敏感的时期,如遇干旱应及时灌溉,以免造成"卡脖旱"影响幼穗发育。

高粱虽然有耐涝的特点,但长期受涝会影响其正常生育,容易引起根系腐烂,茎叶早衰。因此在低洼易涝地区,必须做好排水防涝工作,以保证高产稳产。

五 害虫防治

高粱苗期病害较少,特殊年份会发生白斑病,用硫酸锌 1.0kg/hm²、尿素 0.7kg/hm² 兑水 225kg/hm² 喷防。目前,影响高粱产量的主要病害是高粱黑穗病,为减少其发生,首先要适时晚播,在土壤温度较高时播种,种子出苗较快,可减少病菌侵染机会,减少黑穗病发病率;其次是进行种子处理,如包衣等。高粱害虫主要是黏虫和玉米螟,黏虫防治可用 50% 二溴磷乳油 2 000~2 500 倍液,玉米螟防治可用毒死蜱氯菊颗粒剂(杀蟆灵 2 号），用量 35g/ 亩灌心叶。收获前 20 ~ 30 天可选用农药防治。

　　蚜虫防治每亩用 40% 乐果乳油 0.1kg，拌细沙土 10kg，扬撒在植株叶片上；或 40% 氧化乐果加 10% 吡虫啉进行联合用药防治。

六　收获

　　高粱的适宜收获期为籽粒蜡熟末期。此时籽粒呈现出品种固有的颜色和形状，粒质变硬，已无浆液，粒色鲜艳而有光泽。

第五节　谷子种植技术

　　谷子学名粟，去壳又称小米，古代称"禾"，也叫"粱"等，为禾本科狗尾草属草本植物。在我国西北大部分地区可以不依靠人工灌溉而良好生长。

谷子

谷子地

一　轮作倒茬

　　谷子忌连作，连作一是病害严重，二是杂草多，三是大量消耗土壤中同一营养要素，造成"歇地"，致使土壤养分失调。因此，必须进行合理轮作倒茬，才能充分利用土壤中的养分，减少病虫杂草的危害，提高谷子单位面积产量。

　　谷子对前茬无严格要求，但谷子较为适宜的前茬以豆类、油菜、绿肥作物、玉米、高粱、小麦等作物为好。谷子要求 3 年以上的轮作。

二　精细整地

（一）秋季整地

　　秋收后封冻前灭茬耕翻，秋季深耕可以熟化土壤，改良土壤结构，增强保水能力；加深耕层，利于谷子根系下扎，扩大根系数量和吸收范围，增强根系吸收肥水能力，使植株生长健壮，从而提高产量。耕翻深度 20 ~ 25cm，要求深浅一致、不漏耕。结合秋深耕最好一次施入基肥。耕翻后及时耙耱保墒，减少土壤水分散失。

（二）春季整地

春季土壤解冻前进行"三九"滚地,当地表土壤化冻时,要顶浆耕翻,做到翻、耙、压等作业环节紧密结合,消灭坷垃,碎土保墒,使耕层土壤达到疏松、上平下碎的状态。

三 合理施肥

基肥 按有效成分计算,基肥中的农家肥要占总基肥量的一半以上,而且产量越高,所占比例越大。高产谷田一般以每公顷施农家肥 75 000 ~ 112 500kg 为宜,中产谷田 22 500 ~ 60 000kg 为宜,具体的施肥量要考虑土壤肥沃程度、前茬、产量指标、栽培技术水平及肥源等综合因素。基作收获后结合深耕施用,有利于蓄水保墒并提高养分的有效性;播种前结合耕作整地施用基肥,是在秋季和早春无条件施肥情况下的补救措施。基肥常用匀铺地面结合耕翻的撒施法、施入犁沟的条施法和结合秋深耕春浅耕的分层施肥方法。

种肥 在播种时,种子附近主要施复合肥和氮肥,施肥后应浅搂地以防烧芽。因谷子苗对养分要求很少,种肥用量不宜过多,每公顷硫酸铵以 37.5kg 为宜,尿素 15kg 为宜,复合肥 45 ~ 75kg 为宜,农家肥也应适量。

追肥 在谷子的孕穗抽穗阶段,由于土壤供应养分能力降低和谷子发育进程加快,需要追施速效氮素化肥、磷肥或经过腐熟的农家肥。每次追肥以每公顷纯氮 75kg 左右为宜。一次追肥最佳时期是抽穗前 15 ~ 20 天,氮肥数量较多时,最好在拔节始期和孕穗期分别施用。追肥可采用根际追施结合中耕埋入,也可叶面喷施。

四 田间管理

（一）苗期管理

以早疏苗、晚定苗、查苗补种（移栽）、保全苗为原则,在 4 ~ 5 叶时先疏一次苗,留苗最好是计划数的 3 倍左右,6 ~ 7 叶时再根据密度定苗。对生长过旺的谷子,在 3 ~ 5 叶时压青蹲苗、控制水肥或深中耕,促进根系发育,提高谷子抗倒伏能力。

（二）灌溉与排水

谷子虽是耐旱节水作物,但适时灌溉还是取得高产的重要措施。播前灌水有利于全苗,苗期不用灌水,拔节期灌水能促进植株增长和幼穗分化,孕穗、抽穗期灌水有利于抽穗和幼穗发育,灌浆成熟期灌水有利于籽粒形成。灌水次数根据当年气候条件和土壤水分情况确定,灌水方法以畦灌和沟灌为主。谷子生长后期怕涝,在多雨地区谷田应设置排水沟渠,避免地表积水。

（三）中耕与除草

中耕可以松土、除草,为谷子的发育创造良好的环境条件。谷田大多进行 3 ~ 4 次中耕,幼苗期中耕结合间苗或在定苗后进行;拔节期中耕结合追肥、浇水进行谷子浅培土，中耕深度在 7～10cm；孕穗期中耕结合除草进行高培土，中耕深度在 5cm 左右。谷田主要有谷莠子、狗尾草、苋菜等杂草，其防治以秋冬耕翻、轮作倒茬为主，还可用化学除草。

（四）后期管理

谷子抽穗以后既怕旱又怕涝，应注意防旱，保持地面湿润，缺水严重时要适量浇水，大雨过后注意排涝，生育后期应控制氮肥施用，防止茎叶疯长和贪青晚熟，同时谨防谷子倒伏。

五　病虫害及其防治

（一）主要病害及其防治

谷子的主要病害有谷瘟病、白发病、黑穗病、锈病、褐条病、红叶病、线虫病、纹枯病等，谷子种子可能带有谷瘟、白发、黑穗、褐条病、线虫病病原，用 55℃温汤浸种、1% 石灰水浸种或以阿普隆、托布津拌种（用量为种子重量的 0.3%～0.5%），可有效消灭种子所带的病原，谷瘟、锈病的病原主要来自谷草和杂草寄主，白发、黑穗、褐条病病原主要潜伏于土壤和病株残体，线虫病是由线虫危害产生的谷子病害，主要通过土壤、肥料传播，实行多年轮作倒茬、清除谷田周围杂草、拔除感病植株是防治这些土传病害的有效办法。谷子红叶病是由蚜虫而来，应以灭蚜来防治红叶病。纹枯病是主要发生在夏谷区的新病害，病害的轻重与夏季的降水量有直接的关系，防治的主要方法是选用抗病品种，其他防治方法还需进一步研究。

（二）主要虫害及其防治

谷子的主要害虫包括地下害虫、蛀茎害虫、食叶害虫和吸汁害虫等。

地下害虫主要有蝼蛄和网目拟地甲等，以幼虫、若虫、成虫危害谷子的根部，也采食新播种子，造成缺苗断垄。防治方法主要是以辛硫磷、乐果等拌煮熟的谷子制成毒谷，在播种时撒入播种沟内以减少地下害虫对谷种和根系的危害。

六　收获

在谷子蜡熟末期或完熟初期应及时收获，此时谷子下部叶变黄，上部叶黄绿色，茎秆略带韧性，谷粒坚硬，种子含水量约 20% 左右。

第二章

经济作物种植技术

第一节　大豆种植技术

大豆是豆科大豆属的一年生草本,各地均有栽培,亦广泛栽培于世界各地。大豆是我国重要经济作物之一,我国东北为主产区,是一种其种子含有丰富植物蛋白质的作物。大豆最常用来做各种豆制品、榨取豆油、酿造酱油和提取蛋白质。

大豆

大豆苗

一　选用优质高产品种

（一）种子精选

待播的种子要进行精选,选后的种子要求大小整齐一致,无病粒,净度 99% 以上,芽率 95% 以上,含水量不高于 12%,力求播一粒,出一棵苗。

（二）晒种

为提高种子发芽率和发芽势,播种前应将种子晒 2~3 天。晒种时应薄铺勤翻,防止中午强光暴晒,造成种皮破裂而导致病菌侵染。

（三）拌种

为防治大豆根腐病、霜霉病等,用福美双或 50% 克菌丹可湿性粉剂以种子量的 4% 进行药剂拌种,防蛴螬、蝼蛄、金针虫等地下害虫;用辛硫磷乳剂闷种,即用 50% 辛硫磷 0.5kg 加 12.5kg 水制成稀释液,每千克该液可拌 10kg 种子,拌后 4 个小时,阴干后播种。用大豆专用种衣剂包衣,防大豆根腐病、孢囊线虫病以及地下害虫。当土壤有效钼含量小于 0.15ppm 时,每千克种子用 0.5% 钼酸铵溶于 20ml 水中,然后洒在大豆种子上,混拌均匀,阴干后播种。

二　合理耕作整地与轮作

大豆种植应坚持合理轮作,可与玉米、小麦等轮作,减少重茬、迎茬面积,同时尽量秸秆还田,以培肥地力。整地以深松为原则,一般耕翻深度 20cm 左右。它作为禾谷类的前茬,能使后茬有不同程度增产效果。

三 适期播种，合理密植

细致整地 根据前茬作物进行伏秋翻,深度 22~25cm,作业时不起大土块,不出明条、垄块,要扣严、不重、不漏。

土壤水分适宜 整地后土壤水分含量(干土重%)播种时应为 22% 左右,确保种子正常吸水出芽。

适期播种 在土壤 5~7cm 深处,地温稳定在 8℃时,即为播种时期。

种植密度 大豆合理密植总的原则是肥地宜稀,薄地宜密;分枝多的晚熟品种宜稀,株型收敛分枝少的早熟品种宜密。因地力、品种特性确定合理密度。平原区适宜密度为每亩 1.2 万 ~ 1.4 万株;山区、半山区适宜密度为每亩 1.6 万 ~ 1.8 万株;干旱、半干旱区适宜密度为每亩 1.3 万 ~ 1.5 万株。

播种量 确定播量应以每公顷保苗株数为基础,应用下列公式进行计算:

$$播种量(kg/亩)=\frac{亩保苗株数 \times 百粒重 \times (1+田间损失率)}{净度 \times 发芽率 \times 100 \times 1\,000}$$

播法 分垄上双行精量点播、垄上等量穴播、"三垄"栽培法、窄行密植栽培法。加强对窄行密植技术及由其衍生的大垄密、小垄密和平作窄行密植技术的研究与示范推广。窄行密植技术应采用矮秆、半矮秆的耐密品种,不宜选择生育期过长,植株过高的品种,保证在种植密度增加的情况下获得高产。

保证播种质量 播种不宜过深,也不应太浅,且做到深浅一致,否则都将影响种子发芽及植株的整齐度。

四 深层施肥

翻前施底肥 在春翻或伏秋翻的地块,作物收后,把发酵好的有机肥均匀地撒施于地表,然后用耙将肥料耙入土中,粪、土充分混合后进行深翻,翻后耙平耢细起垄。有机肥营养全面,分解缓慢,肥效持久,能充分满足大豆全生育期,特别是生育后期对养分的需求,是大豆高产的基础。

深层施肥 把肥料施于播种部位的种子以下,使肥料与种子分开,以防止烧种、烧苗,充分发挥肥效,促进根系生长,利于根瘤固氮,满足大豆生长发育过程中对养分的需求。

分层施肥 应注意氮肥、磷肥、钾肥的施用比例以及不同生育阶段大豆对肥料的不同需求,同时注重硼肥、锌肥等微量元素的合理搭配。

配施化肥 近年来实践证明,化肥施用量以每公顷施磷酸二铵 150kg,硫酸钾或氯化钾 75kg 效果最好。也可用大豆专用肥每公顷施 250kg 左右。施肥方法:大豆化肥施用可结合深松和播种集中于垄底分层施用。

五 田间管理

（一）除草

①合理轮作可减少杂草危害和病虫害蔓延。

②中耕培土是常规除草方法，可结合铲地、施药、追肥进行复式作业。第一次中耕应在大豆出苗前至第一片复叶展开期间进行，第二次中耕可结合第二遍铲草在第三片复叶出现时进行，第三次中耕应在大豆开花前结束。

③大豆化学除草目前主要使用播后苗前土壤处理，一般每公顷用50%乙草胺乳油2.25～3kg，加5%豆磺隆可湿性粉剂加适量水在播后3～5天喷雾处理，也可用大豆专用除草剂进行播后苗前处理。注意水量一定要足，而且要喷洒均匀。

（二）施肥

1.增施有机肥

有机肥营养全面，分解缓慢，肥效持久，能充分满足大豆全生育期，特别是生育后期对养分的需求，是大豆高产的基础。

秋季翻地前每亩施腐熟好的人畜粪便2t以上，均匀洒施于田间，拖拉机深翻时将肥料翻到深层，整平耙细。

2.配施化肥

近年来实践证明，化肥施用量以每公顷施磷酸二铵150kg，硫酸钾或氯化钾75kg效果最好。也可用大豆专用肥每公顷施250kg左右。

大豆化肥施用可结合深松和播种集中于垄底分层施用。以"垄三"栽培法较好，它可以配合垄底深松深层施入大量底肥，也可在播种时施入较深层的种肥。这种做法集中于垄体不同层次施肥，既促进肥料有效利用，又保证大豆全生育期对肥料的需求。

（三）灌水

目前，普遍认为大豆灌水是增产幅度最大的关键措施，据调查，有灌水条件的地块可提高产量40%以上。

大豆灌水必须根据大豆对水分的要求、土壤含水状况及天气变化情况灵活掌握，适时灌溉才能确保大豆增产。通常把大豆萎蔫作为严重缺水的症状，然而在萎蔫之前已经缺水，如不及时灌溉，将要影响产量。因此，生产上常常凭借经验和观察确定应灌溉时间。灌溉的指标和依据是生理指标和土壤水分指标。生理指标是指生长速度减慢，叶片老绿，中午高温时叶片短暂枯萎，甚至植株下部叶片变黄脱落，这些都是缺水现象，有条件的地块应及时灌水。

（四）植物生长调节剂的使用

植物生长调节剂是一种促进抑制植物生长发育的激素物质，它对大豆不同时期的生长发育有促进和抑制作用,可调节大豆体内生理起到增产作用。植物生长调节剂可分为促进大豆生长和发育及抑制大豆徒长的激素物质。

1."增产"系列

在生长不繁茂的地块于盛花期用 1g 增产灵溶于少量酒精中,加水 100kg,每公顷喷 900kg,隔 7 天后再喷一次,可起到增花、保荚、增加百粒重作用。

2."丰产"系列

含有作物生长发育所需的植物激素和多种微量元素,促进光合作用和早熟,增加结实率,增产 10% ~ 15%,使用时喷施 1 000 ~ 2 000 倍液 2 ~ 3 次,选择无风晴天、气温在 20 ~ 25℃使用最好。

3.矮壮素

在大豆高产、超高产栽培中,由于肥水的施用,会使大豆生长过于繁茂,常因后期倒伏造成落花、落荚不能高产。在高肥水栽培的田块上,于大豆开花初期用 0.125% 控制生长的矮壮素每公顷喷 450g,可防止徒长造成的倒伏,起到保花、保荚的作用,一般可增产 10% ~ 20%,徒长严重的地块使用矮壮素后增产 40% 以上。

六　病虫害防治

(一)大豆病害

危害我国大豆的主要病害有 30 余种,可分为真菌性病害、细菌性病害和病毒病。

1.大豆霜霉病

大豆霜霉病主要发生在气候冷凉的东北和华北地区。该病危害大豆幼苗、叶片、豆荚和籽粒。种子带菌可引起幼苗发生系统侵染,但子叶不表现症状。

在幼苗展开第一片真叶时,沿真叶叶脉两侧出现褪绿斑块,后扩大至半个叶片,有时整片叶子发病变黄,天气多雨潮湿时,叶背密生灰白霉层。成株期叶片表面生圆形或不规则形病斑,黄绿色,边缘不清晰,后变褐色,叶背生灰白色至淡紫色霉层。多个病斑汇合成大豆斑块,使病叶干枯。豆荚染病外部不明显,但荚内常有黄色霉层,豆粒受害表面变白无光泽,并附着一层灰白色粉末状物。

2.大豆细菌性斑点病

大豆细菌性斑点病各大豆产区均有发生,北方重于南方,尤其在冷凉潮湿的气候条件下发病多,干热天气则阻止发病。该病主要危害叶片,也危害幼苗、叶柄、茎、豆荚及豆粒。叶上病斑初呈褪绿小点,半透明水渍状,渐变为黄色至淡褐色,后扩大成多角形或不规则形病斑。病菌在种子上形成褐色斑点,上有一层菌脓。

3.大豆花叶病

大豆花叶病是大豆病毒病,症状变化很大,主要表现型有:黄斑型,受害植株叶片皱缩,退为黄色斑驳,叶脉变褐色坏死。芽枯型,病株茎顶及侧枝顶芽呈红褐色或褐色,萎缩卷曲,最后枯死。重花叶型,病叶皱缩严重,叶脉褐色弯曲,整个叶片叶缘向后卷曲,植株矮化。皱缩花叶型,叶片沿叶脉呈泡状凸起,叶缘向下卷曲,植株矮化,结荚少。

4.大豆孢囊线虫病

该病为典型土传线虫病害,主要危害根部。根部受害后导致植株生长发育不良、矮化、叶片褪绿黄化、似缺素症,拔出病株可见根系发育不良,侧根少,细根增多,根瘤少,根系附有乳白色球状物。受害植株结荚少或不结荚,结荚的种子干瘪,瘦小,百粒重明显减轻。

(二)大豆虫害

1.大豆蚜虫

大豆的成蚜和若蚜,集中在豆株的顶部嫩叶、嫩茎上刺吸汁液,严重布满上部株茎、叶及荚,使叶片皱缩,根系发育不良,植株矮小,结荚少,千粒重降低。苗期发生严重时整株枯死。轻者可减产 20% ~ 30%,重者可减产 50% 以上。

2.大豆食心虫

幼虫侵蚀豆荚和豆粒,轻者沿豆瓣缝将豆粒蛀食成沟,重者将豆粒食去大半,降低大豆产量和品质。一般年份虫食率为 10%,严重时达 30% ~ 40%,甚至高达 70% ~ 80%。

(三)综合防治

①培育和推广抗病品种。

②大豆种子药剂处理和选用无病种子。

③栽培技术防治。做好中耕除草,排除田间积水能减轻病害的发生,增施磷肥、钾肥可提高植株的抗病能力。

④田间化学药剂防治。抓住时机,巧治、快治是田间药剂防治的关键。病害在刚出现发病阶段用药效果最好。

七 收获和贮藏

大豆收获期因收获方法不同而不同,人工收割应在大豆黄熟期进行。黄熟期是指大豆主茎任何一个节上出现一个正常的已变成成熟颜色的豆荚,这就标志全株已达到生理成熟,这时豆粒变黄,割倒后铺放在地上,通过后熟作用晾晒几天,使籽粒都能归圆、变黄,不影响产量和质量。通常收割后晾晒 5 ~ 7 天,即应适合脱粒。机械收获应在完熟期进行。完熟期是农业成熟期,指茎秆变褐,除少数品种外,叶及叶柄全部脱落,摇动植株,以种子在荚内发出响声为标准。大豆成熟后应抓紧收获,以免造成不必要的损失。收获脱粒后的大豆,用清粮机清选,水分高于 4.5% 时应烘干,无烘干设施时应及时摊场晾晒,避免高水分贮藏造成烂仓,储藏库应具备通风好、温度低等优点。

第二节 油菜种植技术

菜籽油是我国主要食用植物油之一,种植油菜还能提高土壤肥力,用地养地。

油菜

油菜地

一 播种前的准备

1.选地与整地

油菜适应性较强,对土壤要求不严格,但以土层较厚,肥沃疏松的土壤为宜。在中性、微酸性土壤上种植时含油量较高,在碱性土壤上种植时含油量低。油菜根系在淹水条件下极易腐烂,油菜生育期长,生长期间会经常遭遇雨水天气,播前一定要认真整地,然后按 2~2.5m 的宽度挖好厢沟。排水沟的深度与宽度以能达到排灌方便为标准。

2.施底肥

油菜需肥量较多,尤其需磷肥。按每亩农家肥腐熟猪牛粪 1 250kg、碳铵 20kg、钙镁磷肥 25kg、氯化钾 6kg 混合拌匀堆沤 10 天左右,结合苗床整理作为土地底肥。

3.种子处理

选择好的品种是油菜高产的关键,要求品种是具备高产、优质("双低"、高含油量等)、高抗(抗倒、抗耐菌核病等)等特性,比如中双 11 号,华杂 9 号,常杂油 2、3 号等油菜品种。

播种前要先将种子进行晒种、精选、消毒,然后拌入种肥再播种。方法:首先将种子放在场上摊晒 2~3 天,然后进行风选和筛选,除去比重小的种子和杂质,继而用 10% 的盐水选种,捞出秕子。再用 50~54℃ 的温水浸种 20 分钟。如有条件可用 1:300 的福尔马林液浸种 20~25 分钟,捞起后闷种 2 小时再用清水洗净。施用种肥较好的方法是进行种子大粒化处理,即用 30% 的过磷酸钙、30% 的肥土、40% 的细炉灰混合后滚包在种子外面,既能匀播省籽又能使幼苗苗壮。

二 培育壮苗

1.适时播种

油菜适宜播种期确定,应考虑气候条件、种植制度、品种特性、病虫害情况等因素。冬油菜适时播种,移栽油菜的苗床一般在9月中下旬播种,10月中下旬移栽;直播油菜一般在9月下旬播种。秋雨多或秋旱严重的地区,应抓住时机及时播种和移栽。同时考虑移栽油菜的苗龄及移栽期,与前茬顺利连接,避免形成老苗、高脚苗。

2.加强苗床管理

早间苗、定苗　油菜幼苗生长较快,间苗稍迟就易形成高脚苗、弯脚苗。一般间苗2~3次,齐苗后第一次间苗,有1片真叶时间第二次苗,保持苗距3~6cm,有3片真叶时定苗,保持苗距8~9cm左右。

早追肥　油菜种子小,出苗时即处于"离乳期",必须及早追肥,一般在定苗时施第一次追肥,隔10天左右酌情施第二次追肥。移栽前6~7天施一次"送嫁肥"促进多发新根。

3.勤防病虫

苗床期油菜的主要病虫有蚜虫、菜青虫、霜霉病、猝倒病等,用10%的吡虫子啉可湿性粉剂1 500倍液防治蚜虫,用20%氰戊菊酯乳油每亩20ml防治菜青虫,用70%甲基托布津可湿性粉剂1 000~1 500倍液防治猝倒病和霜霉病。移栽前一天全面防治一次。

4.勤排灌

遇干旱及时浇水,雨多土湿要及时理沟排水。

5.喷施多效唑培育矮壮苗

在三叶期亩用15%多效唑粉剂30g兑水50kg喷施一次促进幼苗叶数增加,根茎增粗,移栽后成活快,抗性增强,增产显著。

> **知识拓展**
>
> ### 培育壮苗标准
>
> 株型矮健紧凑,茎节密集不伸长;根茎粗短,无高脚苗、弯脚苗;叶片数多,叶大而厚,叶色正常,叶柄粗短;根系发达,主根粗壮;无病虫害。

三 适时移栽

1.施足基肥

油菜植株高大,需肥量多,应重视基肥的施用,基肥不足,幼苗瘦弱,进而影响植株的生长乃至油菜的经济产量。基肥以有机肥为主,化肥为辅,为油菜一生需肥打好基础。一般每亩施有机肥 2 000kg，45% 通用型复合肥 25～30kg 或 36% 的复合肥（15–10–11）30～40kg，硼肥 0.5～1kg。施用方法：结合耕翻整地将有机肥、复合肥与硼肥深施，切忌施肥过浅，以免造成油菜中后期脱肥。

2.适时移栽

合理密植，苗龄 30～35 天，绿叶 5～6 片，根粗 5～6mm 时，大壮苗带土、带肥、带药移栽，不栽高脚苗、弯脚苗、瘦弱病害苗。移栽规格 50cm×20cm，每亩定植 7 000 株左右，边覆土边移栽，移栽完后及时浇定根水，油菜移栽后 3 天，查缺补苗。

四 田间管理

1.及时间苗、定苗

在齐苗后出 2 片真叶时间苗，留苗距 3～6cm。至出 3～4 片真叶时定苗，株距根据计划密度而定，一般为 3～6cm。如虫害严重，应适当推迟定苗，如发生缺苗应补栽。

2.灌溉与排水

合理灌排是保证油菜高产稳产的重要措施。油菜生育期长，营养体大，枝叶繁茂，结实器官多，一生中需水量较大，油菜产区一般秋、冬、春降雨偏少，土壤干旱，不利于播种出苗和培育壮苗。北方地区冬季干旱，常使冻害加重，造成死苗。南部地区后期雨水偏多，造成渍害或涝害。因此，必须根据油菜的需水特点，因地制宜，及时灌排。

3.追肥

苗肥 早施、勤施苗肥，及时供应油菜苗期所需养分，利用冬前短暂的较高气温，促进油菜的生长，达到壮苗越冬，为油菜高产稳产打下基础。苗肥可分苗前期和苗后期两次追肥。苗前期肥在定苗时或 5 片真叶时施用，一般每亩施 5～6kg 尿素，在缺磷钾的土壤中，如基肥未施磷钾肥，应补施磷钾肥；苗后期追肥应视苗情和气候而定，一般每亩施用高氮复合肥 8～10kg。春性强的品种或冬季较温暖的地区宜早施，冬季气温低或三熟油菜区可适当晚施。

薹肥 油菜薹期是营养生长和生殖生长并进期，植株迅速抽薹、长枝，叶面积增大，花芽大量分化，是需肥最多的时期，也是增枝增荚的关键时期。因此要根据底肥、苗肥的施用情况和长势酌情稳施薹肥。基、苗肥充足，植株生长健壮，可少施或不施薹肥；若基、苗肥不足，有脱肥趋势的应早施薹肥。一般每亩施用高氮复合肥 15～20kg。施肥时间一般以抽薹中期，薹高 15～30cm 为好。但长势弱的可在抽薹初期施肥，以免早衰；长势强的可在抽薹后期，薹高 30～50cm 时追施，以免花期疯长而造成郁闭。

花肥 油菜抽薹后边开花边结荚，种子的粒数和粒重与开花后的营养条件关系密切。对于长势旺盛，薹期施肥量大的可以不施或少施；对早熟品种不施，或在始花期少施；花期追肥可以叶面喷施，在开花结荚时期喷施 0.1%～0.2% 的尿素或 0.2% 磷酸二氢钾。另外,可在苗后期、抽薹期各喷施一次 0.2% 硼砂水溶液,防止出现"花而不实"的现象,提高产量。

4.科学打尖(打顶)

油菜移栽后 45～50 天,植株顶端出现花蕾时应适时打尖,促使油菜产生更多粗壮的一次分枝,形成优良的群体结构,获取最佳产量,花蕾要在现蕾之后抽薹之前的缩基段生长阶段人工摘除,打尖后植株留有 8～9 片叶片。过早花蕾未分化完成,生长量不足,不利油菜生长;过晚,油菜已抽薹,不能形成优良的群体结构,易形成高节位分枝,生长后期易折断倒伏。

五 病虫害防治

危害油菜的病虫害主要有菜青虫、跳甲、蚜虫、棉铃虫等,对于菜青虫、跳甲、蚜虫的为害,可用 25% 敌杀死 3 000 倍液或 40% 乐果 1 000 倍液喷雾防治;对于棉铃虫为害,在低龄幼虫阶段可亩用保得 40g 加万灵 20g 兑水喷雾,每隔 5～7 天喷一次,连喷2～3 次。

六 收获

油菜是无限花序,由上而下陆续开花结角,成熟早晚不一致。在油菜终花后 30 天左右,当全株 2/3 的角果呈现黄绿色,主花序基部角果转现枇杷黄色,在种皮黑褐色时,为最好的收获时间,正所谓"黄八成,收十成"。油菜在人工收割后要堆垛和晾晒,以便籽粒的后熟,在经过后熟之后要及时地晒干、脱粒、扬净。

第三节　花生种植技术

花生又名落花生、长生果、长果、金果花生、地豆、唐人豆等。花生属蝶形花科落花生属一年生草本植物。全国各地均有种植,主要分布于辽宁、山东、河北、河南、江苏、福建、广东、广西、贵州、四川等地区。

花生

花生苗

一 播前准备期

（一）深耕整地

花生生长发育最适合的土壤条件是排水良好、土层深厚肥沃、干时不板不散、湿时不黏不澥、黏沙土粒比例适中的沙壤土或轻壤土。花生不耐盐碱，在 pH 值为 8 时不能发芽，酸度太大时土中钙、磷、钼等元素的有效性差，不易吸收利用，还可能发生高价铁、铝的毒害，所以花生最适宜的土壤 pH 值为 6.5 ~ 7。

深耕深翻 深耕深翻降低了重茬对产量的影响，增加了土壤的通透性，促进土壤微生物活动，使土壤中不能溶解的养分分解供作物吸收利用，结合压沙，可有效增加活土层厚度和土壤有机质含量。因为花生是深根作物，根群分布在活土层，活土层厚，根量大，吸收养分水分的能力就强，对于促进花生生长和提高耐旱能力很有帮助。

起垄 起垄种植是提高花生产量的一项成功经验，通过增加百果重、百仁重及出米率显著增加产量。一般在当地播种前半个月进行，垄高 8 ~ 15cm，垄宽因地制宜，可根据地形和种植行数而定，垄沟宽 30 ~ 40cm。

（二）施足底肥

花生基肥施用量一般应占施肥总量的 70% ~ 80%，以腐熟的有机质肥料为主，配合过磷酸钙、氯化钾、石灰等无机肥料。基肥的氮、磷、钾可按 1∶1∶2 的比例施用。

（三）晒种分级

播种前充分暴晒荚果，提高生理活性，增强吸水能力和发芽势。如果直接暴晒花生种子极易使种皮变脆爆裂，使种子失去保护，容易烂种。一般在播种前晒果 2 ~ 3 天，晒果后虽然出苗始期只比未晒果的提早一天，但出苗盛期提早 5 天，平均增产 8%以上。

晒后剥壳，尽量选择颜色鲜艳、粒大饱满、大小一致的种子作为一级种子一起播种，这样出苗齐，以免大小苗共生，大苗欺负小苗造成减产。据经验，选播一级种比混合种增产 20% 以上。

荚果剥皮适宜时间是播种前 10 天左右，试验和实践证明，剥皮愈晚，种子生活力愈强，出苗愈整齐健壮。

（四）轮作倒茬

花生轮作周期越长，增产幅度越高，连作年限越长，减产越严重。植株外观表现为株型瘦小，果少果秕。

提高土壤肥力，改善土壤理化性状 花生与红薯、小麦、玉米、棉花、瓜类等作物轮作倒茬，由于不同作物的需肥特点不同，栽培条件不同，通过轮作倒茬可以充分利用土壤养分，因而有利于作物生长。

减少病虫和杂草危害 任何病虫和杂草都必须在适宜的寄主和生活条件下才能

生长繁殖。合理轮作倒茬通过换种不同属的作物,使危害作物的病虫失去适宜的生活条件,病原菌失去了寄主,危害就会大大减轻。

可以避免花生根系分泌物自身中毒 花生根系可分泌一种有机酸,分解土壤中存在的矿物质养分,有利于根群周围微生物的活动,但连年重茬有机酸在土壤中积累量增加,超过了自身需要,所以形成有机酸中毒,影响了根系的生长和吸收功能,植株长势弱,产量降低。农谚"花生善生茬,换茬如上粪"的道理就在这里。

二 花生播种

(一)选择品种

想要花生的产量高,就要在种植时,选择抗病性良好的丰产品种,如新花一号、桂花一号、中油 77 等,并且挑选出籽粒饱满、无虫害的种子,然后将其放入到赤霉素中浸泡 3~5 分钟,有利于提高植株的抗病性。

(二)适时播种合理密植

播种期要合适,播种早了容易影响花芽分化,且出苗前遇低温阴雨容易烂种;播得晚不能充分利用生长期,影响有效花数量和荚果发育,降低产量和品质。种植密度,一般大花生每亩 8 000 穴左右,小花生密度可大些,10 000 穴左右,每穴 2 粒种子即可。

(三)除草覆膜

播种方法有两种,一是先播种后盖膜,二是先盖膜后播种。早春土壤墒情好和播种偏早的适用先盖膜后播种。一般采取开沟浇水先播种后覆膜的方法,使幼苗全齐匀壮。播种时种仁并粒平放或并粒插播,每穴用种 2 粒,播深 3cm 左右,覆土拍平地面。播后喷洒除草剂,亩用 50% 乙草胺 100ml 或禾耐斯 30ml,兑水 50~60kg,均匀喷洒垄面,然后盖膜。地膜要轻拉紧贴地面,四周封严压牢。为防大风揭膜,每隔 3~5m 压一道土埂。

三 田间管理

(一)前期促旱发

查苗补种 在播后 10~15 天如发现缺苗,及时进行催芽补种,也可在花生播种时另外找地播种一些备用苗,在花生出土后真叶展开前带土移苗补种,注意不要伤根。

清棵 高产花生田的管理工作,首先要抓好清棵蹲苗,在播后 10~12 天,当大部分幼苗有 2 片真叶展开时,及时把埋在土壤中的两片肥大子叶清出,促进一、二对侧枝早发快发,实现多花、多针、多果的目的。

培土 培土的作用是缩短果针与地面的距离,使得果针早入土,增加结实率和饱果率。注意一般在开花后 15~20 天封垄前的雨后或阴天进行。

防治虫害 花生苗期易受蚜虫、红蜘蛛为害,防治时每亩喷洒 10% 吡虫啉或 40%

氧化乐果 800 倍水溶液 50 ~ 60kg。同时,注意保护害虫的天敌(瓢虫)。

（二）中期保稳长

以促为主,促控结合,力争快发芽、早开花、多下针、多结荚。

合理使用肥水　花荚期是花生需肥水最多的时期,如肥水不足,会引起植株早衰,减少开花数量,影响果针和果荚的发育。始花期每亩追 15 ~ 20kg 花生配方肥,随即浇水。注意旱灌涝排,提倡结荚期叶面喷肥。以补充养分供应,提高结实率和双仁果率。

调节生长薹　花生叶面喷洒多效唑可抑制植株增高,防止倒伏,使叶片增厚,叶色加深,促进荚果发育,提高结实率和饱满度,增加产量。一般在始花后 30 ~ 35 天,如植株生长过旺,有早封垄现象,即第一对侧枝 8 ~ 12 节、平均节距大于或等于 10cm 时,应叶面喷洒 50 ~ 100mg/kg 多效唑水溶液 40 ~ 50kg,以防植株徒长,提高光合产物的转换速率。不徒长的大田,不必喷药。

防治病虫　花生田发现蚜虫、红蜘蛛、棉铃虫等,可用 40% 氧化乐果或 10% 吡虫啉等内吸性药剂喷雾。对金龟甲可在 7 月初用辛硫磷颗粒剂墩施。叶斑病用 40% 多菌灵 50ml 或用代森锰锌 100g 兑水 75kg 喷雾,每周 1 次,交替喷药 2 ~ 3 遍。

（三）后期防贪青早衰

后期要延长叶片功能期,促进荚果发育,实现果多果饱,防止烂果。

防旱排涝　花生饱果期是充实饱满的时期,仍需大量的水分。若遇干旱,应轻浇饱果水,否则会降低荚果饱满度和出油率。若雨水过多,土壤湿度大,地温低,会影响荚果鼓粒,造成烂果,降低产量和品质,因此应及时排水防涝。

根外追肥　生育后期根系吸收能力减弱,叶面吸收能力尚旺盛,如养分供应不足,顶叶易脱落,茎叶早枯萎。应及时叶面喷施 0.2% ~ 0.3% 磷酸二氢钾水溶液或喷施 0.4% ~ 0.5% 尿素和 2% 过磷酸钙混合液 1 ~ 2 次,以延长叶片功能期,防止早衰,提高饱果率。

除草防病虫　要拔除田间杂草,同时,注意病虫害的防治特别是叶斑病,用代森锰锌、多菌灵或甲基托布津等防治,以延长叶片功能期,争取果多果饱。

四　病虫害防治

常见病害是枯萎病(又叫青枯病、根腐病),主要症状是叶片萎蔫,根、茎部变黑褐色枯死;花生病害还有叶斑病、炭疽病、角斑病等。对于枯萎病、叶斑病等要用多菌灵或甲基托布津、代森锰锌等交替防治即可有效控制,还可以用 200 倍 70% 多硫化钡可湿性粉剂喷洒。花生虫害有红蜘蛛、蚜虫和地下害虫等。红蜘蛛、蚜虫首选药物用 150 ~ 200 倍 70% 多硫化钡可湿性粉剂,还可用乐果、吡虫啉、菊酯类农药(如来福灵)等及时防治,具体施用方法应严格按说明书应用。地下害虫可用 50% 辛硫磷乳油 1kg

加水 50kg,掺入干土 300 kg 拌均匀,播种时每亩施毒土 15kg。

五 收获与贮藏

一般在成熟期前一周内收获,连秧收起,摊晾后熟,及时摘果,避免迟收感染黄曲霉菌。花生是无限开花的植物,荚果不可能同时成熟,故新花生收获时,成熟荚果含水量 50% 左右,未成熟的荚果 60% 左右,必须及时使之干燥。一般经过 5 ~ 6 天晒后,摇果有响声,且荚果含水量降至 10% 以下,种子含水量降至 7% 时即可选择通风干燥处贮藏。

第四节 马铃薯种植技术

马铃薯就是我们生活中所说的土豆。马铃薯在我国是非常受欢迎的,不仅是蔬菜,也是一种主要的粮食作物,有着比较广泛的种植。现在马铃薯的产量越来越高,竞争压力也越来越大。

马铃薯

马铃薯种植地

一 品种选择

按当地气候特点选用丰产、抗病、品质优、食味好的马铃薯品种。外销的鲜食品种要薯形外观好,芽眼浅、薯皮光滑。在挑选种薯时应剔除病薯、烂薯、畸形薯。

二 选地及整地

选择土层深厚,土质肥沃、保肥性能好,保水排水良好,有灌溉条件,有深松基础的偏酸性岗地。前两年没种过马铃薯的地块,谷类茬最好,其次是豆茬;菜地最好前茬是葱、蒜、芹菜等,忌选用甜菜、向日葵、茄子、辣椒、白菜等与马铃薯有共同病害的茬口。严禁选用前茬施用过长残效除草剂的地块。前茬收获后及时整地,实行翻、耙、耢、起垄连续作业,旋耕灭茬 15cm,前翻 15 ~ 20cm,深松 35 ~ 40cm。深松后耢平起垄,垄底宽 80 ~ 90cm,垄高 25cm。

高垄培养两头培土,能增加活土层根茎部位土壤疏松度,利于葡萄茎延伸,又能提高地温,满足前期根茎发育所需温度。

三　种薯处理

困种催芽　选用适宜品种的合格脱毒种薯。于播前 15～20 天出窖,置于温度 13～15℃散射光下,平铺 2～3 层,每隔 2～3 天翻动一次,使种薯均匀见光,催壮芽。当芽长至 0.5～1cm(机械播种 0.5cm,人工点播 1cm)左右时,即可切块。催芽时避免阳光直射、雨淋和霜冻等,及时淘汰病烂薯。

种薯切块　切刀用 70% 酒精、3% 来苏水或 0.5% 高锰酸钾溶液消毒 5～10 分钟,多把切刀轮换使用。播前 3～5 天切块。可利用顶芽优势竖切,如种薯过大或长椭圆形,切块时应从脐部开始向顶部斜切,最后将顶部竖切,要求每个切块确保 1～2 个健壮芽眼,单个薯块重 35～50g 为宜。

拌种　按照种薯、甲基托布津、滑石粉 100∶0.1∶1 比例拌种,放置通风处 1～2 天,待创伤愈合。

四　播种

播期　当 10cm 土层温度连续 3 天稳定通过 10℃时,即可播种。马铃薯的播种时间也是有所要求的,一般在每年的 2—3 月。播种时间不宜过早过晚,过早的话,温度过低,会抑制薯块发芽,降低种植效益。而播种过晚的话成熟时间自然也会有所延迟,可能会错过上市时间,同样影响种植效益。在播种后要覆盖一层地膜,将株行距控制在 60cm×25cm 左右。马铃薯的生长周期比较短,正常种植下,5—6 月便可采收。

播量　每亩用种 120～150kg。

密度　根据品种和土壤肥力状况,合理密植。早熟品种适当密植,晚熟品种适当稀植。平地起垄或者破原垄后合垄,垄距 80～90cm,单行栽培,株距 15～20cm,覆土厚度 10～15cm。亩保苗数 4 000～5 000 株。

五　田间管理

(一)施肥

底肥　根据地力,结合春耕施用腐熟农家肥 2 000～4 000kg/亩。猪粪最好,其次牛粪。施用化肥 30～50kg,其中尿素、磷酸二铵、硫酸钾的比例是 3.4∶1∶3。忌用氯化钾。可根据各地土壤钙、镁元素情况,对严重缺乏地块,科学增施钙肥、镁肥。

知识拓展

补镁促产

　　专家研讨证明,在马铃薯的成长过程中,尤其是薯块膨大期,如镁肥足够,不只产值高,并且淀粉堆集多,质量好,因此在植株 45cm 高时,每株要以 500～1 000g 硫酸镁兑水溶化后追入。

叶面肥　在块茎形成期和膨大期，若有脱肥症状，可叶面喷施浓度 0.5% 尿素和 0.3% 磷酸二氢钾 2~3 次，间隔 5~7 天。可适当添加微量元素，切忌喷施膨大素等生长调节剂类化学品。

（二）水分管理

原则　播种后如遇天气干旱，应及时灌水，确保出苗；发棵期、盛花期水分要充足；结薯初期要适当控水，少浇水或不浇水；结薯期，即当块茎长至 2~3cm 时，要适天气和土壤墒情及时灌溉；结薯后期和收获前，要控制水分，避免浇水，防止病害发生和烂薯。

方式　喷灌、滴灌。

时间　幼苗期、现蕾期、开花期、结薯期，如遇持续高温干旱则可进行次数不等的灌水。控制土壤水分含量在 60%~80%。注意排涝。

（三）中耕管理

原则　田间管理的原则是"先蹲后促"，即显蕾前，尽量不浇水，以防地上部分疯长；显蕾以后，浇水施肥，促进地下部分生长。以保持土壤湿润，地皮见干、见湿为宜，收获前 10 天不浇水，以防田间烂薯，如果发现植株有疯长趋势，可在显蕾期（4 月下旬 5 月初）每亩喷 50~100g 15% 的多效唑进行控制。苗前耢一遍，有提高地温兼灭草作用；幼芽顶土时进行一次深耕、浅培土；苗出齐后及时铲耥，提高地温；发棵期进行第三遍铲耥，高培土，利于块茎膨大和多层结薯。马铃薯是中耕作物，结薯层主要分布在 10~15cm 的土层中，因此需要疏松的土壤环境。中耕除草应掌握"头道深，二道浅，三道刮刮脸"的原则。

作用　防止薯块变绿，防除杂草，提高品质，降低土温。

时间　第一次培土，苗全后 10~15 天。第二次培土，苗全后 20~25 天。第三次培土，培土厚度一般不低于 12cm，覆土太薄地温变化大时，匍匐茎窜出地面。

六　收获

达到生理成熟时收获，早熟品种 8 月中下旬，中晚熟品种 9 月上中旬收获。收获前一周左右，将马铃薯田机械割秧或化学灭秧，并将茎叶清理出地块。起收时挖掘深度要合理，防止丢薯和破皮伤薯。装运时应轻拿轻放，运输和贮藏时防止日晒、雨淋和冻害。

第三章

蔬菜栽培技术

第一节 白菜类蔬菜栽培技术

白菜类蔬菜指十字花科中以叶球、花球、嫩茎、嫩叶为产品的一大类蔬菜。在我国栽培历史悠久,品种资源丰富,栽培面积很大,分布广。

共同特点:

①属二年生白菜类蔬菜,喜温和气候条件,最适宜的栽培季节是月均温15~18℃,且对温度适应性强,具有很强耐寒性,幼苗期可耐短期-3℃以下的低温,又有较强的耐热性,有品种可夏季栽培。

②白菜类蔬菜作物,低温通过春化,长日照条件完成阶段发育。阶段发育所要求条件以甘蓝较严格,白菜、芥菜要求不严。除花椰菜、菜薹外白菜类春季栽培应避免通过阶段发育,防止未熟抽薹。

③白菜类蔬菜叶面积大,蒸腾量很大,但因根系较浅,利用土壤深层水分的能力不强,栽培时要合理灌溉,保持较高的土壤湿度,精耕细作,促进根系的发展,增加吸收能力。甘蓝、花椰菜因其叶表面有蜡粉,蒸腾量较白菜小。

④白菜类蔬菜生长量大,吸收矿物质养分较多,要求土壤肥沃,需施较多的基肥和追肥,施肥以氮肥为主,磷、钾配合对白菜的高产、优质是很重要的。

⑤白菜类蔬菜都是种子繁殖,种子发芽力强,在适宜条件下,播种后3~4天全出土,可直播或育苗移栽。

⑥具有共同病虫害,尤其病毒病、霜霉病、软腐病三大病害。另外还有白斑病、黑斑病、根肿病。

一 大白菜

大白菜即结球白菜,又叫黄芽白。叶球柔嫩多汁,是全国产销量最大的蔬菜之一。大白菜营养丰富,品质柔嫩,可煮食、炒食、生食,还可腌制酸菜。

大白菜

大白菜(生长中)

（一）栽培方式与季节

大白菜一年四季均可播种栽培，但以 8—10 月最佳，2—3 月播种春大白菜，采用地膜覆盖栽培；4—7 月夏秋播种应注重选择耐热、抗病品种；11 月至次年 1 月播种应实行保温栽培。同时根据市场需求品种行情，选择适销对路品种。

（二）园地和品种的选择

在播种前要做好选地、腾茬、整地、施基肥及打垄等工作。最好实行 2~3 年的轮作。用晒茬地栽培大白菜的，要事先搞好除草、施肥、整地、打垄等工作。但秋白菜生产多用倒茬地，这就要求在前茬作物栽培结束后，及时抢时间整地施肥。大白菜生长期长，生长量大，需施用大量的有机肥做底肥，施有机肥 5 000kg/ 亩，最好分次施用，并掺施过石 30~40kg 或磷酸二铵 20~30kg。最好打垄，一般为 60cm 宽的大垄。

大白菜品种多，应根据实际情况，选择适宜的品种。早熟栽培国庆前上市或播种期晚的应选长春快菜（65 天）等生育期短的品种。一般冬贮菜倒茬及时或晒茬地多选择生育期较长的中晚熟品种。

（三）适时播种，合理密植

1. 种子处理

播种前用 55℃的温水浸泡种子 15 分钟，晾干用多菌灵拌种或用 0.3%~0.4% 的福美双或百菌清或瑞毒霉拌种。或在播种前晒种 1~2 天可防部分病害。

2. 土壤消毒及苗期预防

在连作地或多发病的地区可用 70% 敌克松粉剂与 20 倍干细土、部分杀虫剂（如乐斯本、敌杀死等）混合均匀，撒在播种穴内。苗期可用 75% 百菌清可湿性粉剂 500 倍液或 20% 快克可湿性粉剂 900~1 000 倍液喷雾预防。

3. 播种方法及密度

采用直播法，理墒后根据品种特点和地力情况打塘点播。密度依品种的特征特性制定合理的播种密度。如"83-1"一般株行距 40cm×40cm，亩播 4 000 塘左右；小杂系列株行距 35cm×35cm，亩播 5 000 塘左右，每塘播饱满种子 5~6 粒，播种后用细粪土盖塘，并保持土壤湿润。

4. 施足基肥

以有机肥为主，化肥为辅，亩施优质腐熟农家肥 3 000kg 加 40~80kg 复合肥堆沤后做底肥一次施于塘内。

（四）田间管理

1. 及时间苗和定苗

地膜覆盖的，在出苗后应及时破膜露苗，并用细土封压膜口。当幼苗长到 2~3 片叶时,间去弱苗、病苗、杂苗,每塘留 2 ~ 3 株,当有 4 ~ 5 片真叶时结合第二次间苗,进行定苗,选留健苗 1 株。

2.中耕除草

间苗和定苗时结合中耕除草,浅中耕,雨季应增加中耕 5 次,防止土壤板结。

3.灌水和排水

冬春季干旱,容易缺水,应适时浇水,以保持土壤湿润,特别是结球期,更应注意浇水适度。夏秋季高温多雨,要注意雨后清沟,培土、排涝,及时排除沟内积水,以防沤根死苗和病菌的侵袭。一些地区由于地理位置的特殊性,在夏秋季也会出现插花性干旱。由于高温蒸发量大,也应适时浇水,采用早浇、晚浇,以降低地温,防止高温危害。

4.追肥

一般应抓住莲座期和结球前的两次追肥重点。这是保证大白菜高产的关键。此时大白菜处于快速生长期,需增加追肥量,应以氮肥为主,并配施磷钾肥,或定期施入畜、禽类稀肥。具体追肥措施是:第一次在定苗后亩用腐熟清粪水 1 000kg;第二次在莲座期亩用腐熟清粪水 1 000kg 加尿素 20kg;第三次是重点追肥期,即结球始期,亩用腐熟清粪水 1 000kg 加尿素 20kg。在结球中期喷施 1∶250 倍的磷酸二氢钾,增强植株抗性,生产出外观及内在品质优良的蔬菜,提高商品价值。

(五)病虫害防治

1.病害

病毒病 为病毒侵染所致,有芜菁花叶病毒、烟草花叶病毒、黄瓜花叶病毒。主要由蚜虫传播或接触传染。病毒病在整个生育期都可侵染危害。

霜霉病 为真菌性病害,病原为白菜霜霉病菌。在气温较低(16℃左右),昼夜温差较大,雨后有露水或雾,田间湿度大时易发病。多在莲座末期至结球初期发病。

软腐病 为细菌性病害。在结球期发病,贮藏期间危害严重。病菌浸入后分泌的霉能分解细胞间的中胶层,发出恶臭。发病适温为 27 ~ 30℃。

2.虫害

主要虫害有蚜虫、跳甲、菜青虫、地蛆、甘蓝夜盗等。特别在苗期危害严重。一般在苗期可喷施敌敌畏加乐果或氧化乐果、敌杀死等防治菜青虫、跳甲、蚜虫等。中后期用敌百虫灌根防治地蛆。

(六)收获

当大白菜结球紧实后,表明生长成熟,应及时收获上市。成熟至收获的缓冲期为 7 ~ 10 天,若超过 10 天,将会形成破球抽薹或造成脱帮腐烂,轻者降低商品价值,重者导致失收。

二　结球甘蓝

结球甘蓝是十字花科芸薹属的植物，为甘蓝的变种，又名卷心菜、洋白菜、包菜、圆白菜、包心菜等。结球甘蓝具有耐寒、抗病、适应性强、易贮耐运、产量高、品质好等特点，在我国各地普遍栽培，是我国东北、西北、华北等地区春、夏、秋季的主要蔬菜之一。

圆白菜　　　　　　　　　　　　　　圆白菜（生长中）

（一）类型与品种

1.类型

结球甘蓝根据叶型和色泽可分为普通甘蓝、皱叶甘蓝和紫甘蓝等。我国以普通甘蓝为主。普通甘蓝可分为三个基本类型，即尖头、圆头和平头三个类型。

2.环境要求

甘蓝为耐寒性蔬菜，生长适温为15～20℃。在10℃时生长缓慢，5℃时即停止生长。耐寒与耐热性较大白菜强，可以忍受–6～–8℃及短期的–10℃，故在淮河流域以南地区可以露地过冬。当温度25℃以上时，生长不良。甘蓝叶面积大，根系分布浅，不耐干旱，尤其不耐土壤干燥，但也不耐涝。甘蓝是喜肥和耐肥作物，幼苗期和莲座期吸收氮素营养较多，结球期则吸收磷、钾增多。同时也较耐盐碱性土壤。甘蓝的抽薹、开花比大白菜、白菜严格。必须在幼苗具有三四片以上的叶数时，并在0～10℃低温条件下，还要经过45天以上的天数才能通过春化阶段，然后才能抽薹开花。晚熟品种抽薹开花较早，中熟品种较迟。

甘蓝有平头、圆头和尖头三种类型，以前两种栽培最广。平头型：植株较大，叶球扁圆，包心紧实；产量高，品质好，耐贮藏；一般多为中、晚熟种，生长期较长；也是我国栽培的最主要类型。圆头型：植株中等，叶球圆形，较紧实；多为早熟和中熟品种；生长期较短。尖头形：植株较小，叶球为心脏形，较松；早熟，生长期短；多做春季早熟栽培。

（二）栽培技术

1.整地施肥

由于甘蓝抗旱力不强，应选择地势较低但排水良好，灌溉方便，保肥保水力强的土壤。早熟品种适于沙壤土。

栽培甘蓝的地块应进行秋翻,春天顶浆打垄,做成 50~60cm 的垄或 1m 宽的畦,同时施足底肥。肥力不足会低产、球小甚至早期抽薹。

2.栽培季节

甘蓝适应性强,既耐寒又耐热,我国北方春、夏、秋均可露地栽培。东北、西北和华北的高寒地区,多于春、夏育苗,夏栽秋收,生长期长,叶球个大,是我国甘蓝主产区。华北及东北、西北的部分城市,以春、秋两茬栽培为主,亦可进行多茬栽培。冬、春育苗,春栽夏收称为夏甘蓝;夏季育苗,秋季栽培,秋、冬收获,称为秋甘蓝。

3.育苗

甘蓝栽培都采用育苗移栽。春甘蓝大部分为早熟栽培,东北、西北及内蒙古等寒冷地区,通常于 2—3 月在温室育苗,育苗期 60~80 天。华北地区有两种育苗方法:一是于 12 月中旬至 1 月上旬在阳畦育苗,2—3 月定植。二是于 2 月在塑料温室育苗,育苗期 40~50 天。秋甘蓝于 6—7 月育苗,育苗期一般为 35~40 天。夏甘蓝 4—5 月育苗,育苗期为 30~40 天。

4.定植

时期 早熟者 4 月中下旬,中熟者 5 月上旬至下旬,半夏者 5 月下旬至 6 月中旬,晚熟者 6 月下旬定植。

密度 应根据品种、地力等确定。早熟品种(27~33)cm×60cm,拐子苗,畦作可一畦 3 行,中熟者 40cm×60cm,晚熟者(50~60)cm×60cm。

方法 以刨堆后暗水或明水定植,春甘蓝可浅些。覆土以埋过土方 1cm 为宜。

5.肥水管理

甘蓝定植后需浇缓苗水,此时由于气温较低,浇水后要及时中耕松土,以利保墒并提高地温,促进根系的恢复和生长。进入莲座期,植株要形成强大的同化器官,吸收水肥较多,可进行第一次追肥,每亩施氮素化肥 15~20kg,并充分供应水分,促进叶球生长。待叶球形成后,应控制浇水,防止裂天,利于贮藏。

6.防治虫害

甘蓝生长的初期容易受到菜青虫的危害,菜青虫是菜粉蝶的幼虫,它啃食嫩叶,严重能引起绝产。要采用低度低残留高效的杀虫剂进行治理。喷施杀虫剂的时间最好是在傍晚时候,此时喷药可以避免由阳光照射引起的浓度和成分的变化,利于发挥杀虫剂的最大功效。

(三)采收

一般在叶球达到紧实时即可采收。早秋和春季蔬菜淡季时,叶球适当紧实也可采收上市。叶球成熟后如天气暖和、雨水充足则仍能继续生长,如不及时采收,叶球会发生破裂,影响产量和品质。采用铲断根系的方法可以比较有效地防止裂球,延长采收供应期。

三 花椰菜

花椰菜,又名花菜或菜花,属十字花科,是秋冬栽培的2年生蔬菜作物。因其食用部分粗纤维少,营养价值高,深受消费者欢迎,在福建、广东、浙江、广西、四川、湖北等省普遍种植。

花菜

花菜(生长中)

(一)对环境条件的要求

1.对温度的要求

花椰菜喜温暖湿润的气候,忌炎热干燥,不耐长期霜冻,耐寒能力不如结球甘蓝。花椰菜生长的适宜温度为8~24℃,不同品种以及不同生长发育时期对温度的要求也不相同。种子发芽期:最适温度为15~25℃,最低温度2~3℃。25℃时发芽最快,播种后2~3天即可出土。

花椰菜性喜温和冷凉的气候,不耐炎热干旱,属于耐寒的蔬菜。对温度的要求,一般说来在15~20℃最为适宜。种子发芽在2~3℃时开始,但不能出土,种子发芽出土的温度为8~25℃,在35℃高温条件下,也能正常发芽出苗。在20~23℃时,适宜于外叶生长,花球形成的适宜温度为17~18℃,温度高达24~25℃时,花球形成停止。正常温度条件下,花球形状端正,约20天完成。生长临界温度为5℃。幼苗具有4~5叶的健壮植株,能忍耐-3~-5℃,短时-12℃或更低的温度。花球不耐低温,当气温-1℃时,花球受冻害,受冻的花球易腐烂。

2.对水分的要求

花椰菜喜温暖湿润的环境。根系发达,分布于土壤的耕作层。由于植株叶丛大,水分蒸发量也大,特别在花球形成期,要求有充足的水分。土壤干旱,易形成"散花",影响产量与质量。在植株的整个生长过程中,一般要求土壤湿度为70%~80%,空气相对湿度为85%~90%,尤以土壤湿度更为重要。

3.对光照的要求

花椰菜虽为喜光照充足的植物,但能耐稍阴的环境,早春育苗时,采用电灯补光,可提早收获。花球形成后,在阳光直射条件下,易由白色变为黄色,降低产品质量,因此,在花球生长过程中,可采用折断老叶覆盖花球的方法,使花球保持洁白。

4.对土壤养分的要求

花椰菜对土壤的要求较高,种植时宜选择耕层深厚、土质肥沃、有机质含量高、透气性强、地势较高、排灌条件好的地块。切忌与十字花科蔬菜连作或重茬,以防遭受病虫害侵蚀。选择好种植地后还需对所选地段进行翻耕除草,使土壤更加疏松,并起到杀菌除虫的效果,有效清除土壤中影响植株正常生长的不利因素。播种前还需下足基肥,花椰菜的生长期较短,对于养分的需求量大,所以基肥应选择腐熟的农家肥、人畜粪尿、速效性氮磷钾肥等肥料,以保证花椰菜的正常生长发育。

(二)栽培技术

1.播种管理

花椰菜的品种繁多,不同的品种播种时间也有所不同,早熟品种耐热耐高温,一般于夏季6—9月种植;中熟和晚熟品种不耐高温,较为耐寒,适宜在11月至次年2月份春冬季节种植。播种时应根据土壤肥力、品种特性、耕作管理的不同来进行合理密植,早熟品种适当密植,晚熟品种适当稀植。但密植不宜过大,避免出现苗期徒长或土壤中的养分不足,造成弱苗、烂苗现象。播种后应浇透水,再用百菌清或多菌灵等杀菌剂对田间进行消毒杀菌,预防苗期病害。并根据地力和播种情况适当加入底肥,一般以腐熟农家肥为宜。

2.合理施肥

花椰菜植株的生长旺盛,对于水分的需求量较大,水分管理上应根据花椰菜不同生长期对于水分的不同需求合理控制浇水量,催苗期的水分供给与追肥相结合,以发挥肥效,保持畦面湿润,防止畦沟积水,促进根系深扎广布。前期苗体较小,若遇台风暴雨或连续阴雨,要保持畦沟通畅,及时排渍防涝。莲座期和花蕾初现期需水肥多,如遇干旱天气,要实施沟灌,即灌跑马水,保持畦面土壤湿润为宜。要注意在整个生育期都应避免漫灌、积水等影响根系正常生长。除了水分管理外,合理的施肥也十分重要。花椰菜的需肥量较大,在施足基肥的前提下,还要注意花椰菜生长需要充足的微量元素,莲座期和现蕾期需要较多的氮素和适量的磷钾肥,生长盛期还必须配施硼、镁等微量元素肥料。

因花椰菜需肥量较大白菜多,若人力翻土,应将有机肥、磷肥、钾肥的全部,复合肥50～75kg,一次性撒施于土面,然后人力翻土,余下的点施或浇施,做基肥或追肥都行。

3.整地做畦

按畦长25～30cm,畦宽1.2m,畦沟宽30cm,沟深20cm的要求开沟做畦,并将畦面耙平,使沟底平畅。新基地还应按基地建设要求进行建设,至少需开好围沟和主沟。

4.盖地膜

不论何时栽培花椰菜,都提倡地膜覆盖栽培。整地做畦后,充分将土壤浇透水后盖地膜。方法是选择黑色地膜,平铺畦面,并用泥土将膜的四周压紧。有条件的先在土面铺设好滴灌管。

5.定植

①定植时间:一般日历苗龄 30~40 天为定植适期。

②合理密植:早中熟品种,株行距一般为 35cm×40cm;中晚熟品种,株行距一般为 50cm×60cm。

③定植方法:按密度要求选择壮苗移栽。移栽后浇定根水(每 50kg 水加海藻生根剂 60g、尿素 200g),每株浇水 150~200g,然后用泥土封好定植孔。

（三）田间管理

1.追肥

①根部追肥:在上述施肥基础上,原则上不需根部追肥,但因土壤肥力水平差异大,定植 15~20 天,提倡看苗局部选择性根部追肥。追肥以速效性复合肥为好,兑水浇施,浓度为 0.4%。

②叶面追肥:提倡叶面施肥,叶面肥以富含微量元素养分的好,如明月海藻叶面肥或硼肥等。补充硼肥对增加花球美感及产量、品质很有帮助。

2.抗旱排渍

①抗旱是田间管理的关键工作,连续 5 个晴日后,应考虑浇水抗旱,有条件的,在晴天开启滴灌设施 2~3 小时。干旱条件下,影响根系对硼元素养分的吸收,导致花球品质下降,外观美感受损。

②洪涝时,应及时排水,标准是畦沟内不积水。

3.保护花球

花椰菜的花球在日光直射下,易变淡黄色,并可能在花球中长出小叶,降低品质。因此,在花球形成初期,应把接近花球的大叶主脉折断,覆盖花球,覆盖叶萎蔫发黄后,要及时换叶覆盖。

有霜冻地区,应进行束叶保护。注意束扎不能过紧,以免影响花球生长。

（四）采收

当花球充分长大后要及时采收,否则花球松散老化,影响商品价值。因花球采收期比较长,要分批采收,保证收获质量。采收时砍下花球,每个花球留 6~8 片嫩叶,以保护花球,避免在装运中损伤变质。采收还应依市场行情进行适当调节,适时上市,以获得更高的经济效益。

第二节 绿叶菜类蔬菜栽培技术

绿叶菜类蔬菜指以鲜嫩的绿叶、叶柄或嫩茎为产品的速生性蔬菜。由于生长期短，采收灵活，栽培十分广泛，品种繁多，我国栽培的绿叶菜有10多个科30多个种。

共同特点 种类繁多，形态、风味各异。产品柔嫩多汁，不耐贮运。适应性广，生长期短，采收期灵活。喜水喜氮肥。产品中亚硝酸盐含量高。根据对环境条件的要求不同，可分为两大类：一类喜冷凉而不耐炎热，生长适温15～20℃；一类怕霜冻但较耐高温，生长适温20～25℃。

一 菠菜

菠菜为藜科菠菜属一、二年生草本植物，分布很广，各地都有栽培。菠菜适应性广，是一年四季、露地、棚室均可栽培的蔬菜。

菠菜

菠菜（生长中）

（一）栽培技术

1.整地

选择土质疏松，土层深厚，土壤肥沃，光照适宜，灌排便利，有洁净水源，交通方便，病虫害少，pH值5.5～7微酸性的壤土种植。深耕深翻，整地要彻底。整地后施足基肥，基肥以充分腐熟的农家有机肥为主，可亩施有机肥4 000kg，再每亩配施40kg的过磷酸钙。施足基肥后，耙细做畦，浇足底水。春冬季节适合高畦，夏秋季节适合平畦。

2.备种播种

首先要保证这个品种是适合当地种植的，然后就是要保证菠菜品种的抗病性高、叶片厚等特点。

夏秋季播种，首先要先浸种，可用水浸泡12小时后放在4℃左右的环境冷藏24小时，再放在20～25℃室温下催芽，出芽（3～5天）即可播种。春冬季节可直接播种。

3.苗期管理

苗期要及时间苗补苗,适当控制水分,尤其是棚室栽培,要注意保持适宜的土壤湿度和空气湿度,能够有效促进幼苗长势健壮,促根深扎。棚室栽培,要昼揭夜盖,晴揭雨盖,让幼苗多见光,多炼苗,促其健壮生长。

(二)田间管理

加强管理,及时中耕、松土、除草。当幼苗长出4~5片真叶后,菠菜进入生长旺盛期,要及时追肥。露地栽培,要注意降温降湿,浇水宜在晴天的早晨或傍晚进行。

1.越冬前的管理

出苗至拉十字(2片真叶)不浇水,拉十字后浇一次水,以后除非特殊干旱,到上冻前不浇水了,让幼苗稳健生长。随着气温的降低,糖分不断积累,抗寒性增强,如再浇水生长量增大,抗寒性降低。为了保温防寒,在上冻时要灌冻水,最好浇灌稀粪水,既提高土温又起施肥作用,保证土壤里有足够养分和水分,返青后健壮生长。有时灌冻水之后,也出现死苗现象,这主要是涝害,春天冻融,水分过大了。封冻前挖好风障沟,为了防止雪岭形成,在翌春返青前夹风障。

2.返青后的管理

主要是灌水和施肥。第二年春开水晚苗子生长慢;开水早地温上不来,抑制根系活动,甚至由于低温多湿造成沤根。一般来说,返青后苗子长到10cm左右高、土温在10℃左右时开始浇水。开水后就要肥水齐攻,第一次浇水可随水施少肥,以后要保持地皮不干,至采收前一次清水一次肥水。

(三)主要病虫害

菠菜霜霉病 主要危害叶片。被害叶面初现淡绿色小点,后扩大为淡黄色、边缘分界不明显的不规则大斑,叶背病斑上则生灰白色至淡紫色绒状霉层。严重时病斑布满叶片,终致叶片枯黄、不能食用,病菌还可系统侵染,病株易呈萎缩状。

蚜虫 俗称腻虫,成若蚜虫群集叶片以吸汁危害,致叶片发黄、卷缩、植株生长受阻、留种株受害则妨碍结实,还可传播病毒病,并诱发煤烟病。

(四)采收

秋播菠菜播种后30天左右,株高20~25cm可以采收。以后每隔20天左右采收一次,共采收2~3次。春播菠菜常一次采收完毕。

二 苋菜

苋菜是以柔嫩茎叶为食用部分的一年生草本植物。原产我国,只有中国、印度、日本等作为蔬菜栽培。我国长江以南栽培较多,北方现也有栽培。苋菜是一种很多人都爱吃的家常蔬菜,它煮出来的汤也是红红的,苋菜煮皮蛋也是一道非常美味的菜肴。

苋菜

苋菜（生长中）

（一）栽培技术

1.品种选用

苋菜品种很多，依叶形可分为圆叶种和尖叶种。圆叶种叶面常皱缩，生产较慢，产量较高，品质较好，抽薹开花较迟。尖叶种先端尖，生长较快，产量较低，品质较差，较早抽薹开花。依叶片颜色又可分为红叶苋、绿叶苋和花叶苋。概括起来，可分为六个大的品种类型，即红圆叶苋、红柳叶苋、绿圆叶苋、绿柳叶苋、花叶圆叶苋和花叶柳叶苋。多数地区食用绿圆叶苋，有的地区禁食红圆叶苋。因此，在品种选用上，应根据当地的消费习惯选用品种。

2.浸种催芽

苋菜种子在凉水中浸种24小时，浸种过程中需搓洗几遍，以利吸水。在冬季、早春将浸泡过的种子捞出，用清水搓洗干净，捞出沥净水分，用透气性良好的纱布包好，再用湿毛巾覆盖，放在15～20℃条件下催芽，当有30%～50%的种子露白时即可播种。其他季节采用直接播种的方式栽培。

3.整地施肥

苋菜种植宜选择杂草少的地块，虽然苋菜对土壤要求不严格，但以土壤疏松、肥沃、保肥保水性能好的土壤为佳，而且苋菜喜欢偏碱性的土壤，每亩施入腐熟有机肥5 000kg，25%复合肥50kg，精耕细作，做成畦宽1～1.2m，沟宽0.3m，沟深0.15～0.2m的高畦。

4.播种方法

苋菜的种子较小，播种掺些细沙或细土可以使播种均匀，每亩用种量0.25～0.5kg。可平畦撒播或条播，撒播的可用四齿耙浅搂或不搂，条播者春季可稍深、夏季宜浅，浅覆土，然后镇压，即可浇水，等待出苗。冬季、早春加盖薄层稻草保湿，再盖上一层地膜保温。夏季加盖防晒网。

（二）田间管理

1.温度管理

苋菜在冬季、早春出苗后揭开地膜和覆盖物，浇水后在大棚内再建小型拱棚，以利保温,在外界气温较低时于傍晚在小棚上加盖一层草帘保温。夏季出苗后,及时加盖防晒网,采取早盖晚揭。

2.水分管理

苋菜在冬季、早春要经常保持土壤湿润,小水勤浇,尽量选择在晴天上午浇水,并在齐苗后浇施一次0.2%尿素水溶液,以后7~10天追施一次,促进生长。夏季适当加大浇水量,一般在早晨、傍晚浇水。

3.合理追肥

苋菜要进行多次追肥,一般在幼苗有2片真叶时追第1次肥,过10~12天追第2次肥,以后每采收1次追肥1次。肥料种类以氮肥为主,每次每亩可施稀薄的人粪尿液1 500~2 000kg,加入尿素5~10kg。

4.采收管理

苋菜是一种多叶蔬菜,一次播种,分批收获。初收多与间伐相结合。一般播种后40~45天,当苗高10~12cm,有5~6片叶子时,分垄收获。采收时,要掌握"采大留小"的原则,以增加后期产量。收获后施肥。春播,收获时间一般为播后两个半月。如果不准备第二次采收,则宜在茎木质化前采收。

（三）病害防治

农业防治　选用耐热(寒)抗病优良品种,合理布局,一定时间内与其他作物或水稻轮作,清洁田园,降低病虫源数目,培育壮苗,提高抗逆性,增施有机肥,平衡施肥,少施化肥。恶劣天气喷施叶面肥(如高利达)。

物理防治　利用黄板诱杀蚜虫,黑光灯诱杀蛾类。

生物防治　利用天敌对付害虫,选择对天敌杀伤力低的农药,创造有利于天敌生存的环境。采用抗生素(农用链霉素等)防治病害(软腐病)。

三　芹菜

芹菜属伞形科植物。有水芹、旱芹、西芹三种,功能相近,药用以旱芹为佳。旱芹香气较浓,称"药芹"。

芹菜

芹菜（生长中）

（一）生长习性

芹菜原产地中海沿岸，为伞形科浅根系蔬菜，喜冷凉温和的气候。种子发芽适温 18～25℃，最低温 4～6℃；幼苗期宜 15～20℃，可耐短时间 -4～5℃低温和 30℃左右高温，根系则可于 -15℃左右低温下越冬，营养生长期适宜温度为 16～20℃，高于 20℃生长不良，且易发生病害，品质下降。芹菜耐阴怕强光。在温室日照时间短，日照强度差的条件下，芹菜叶柄长，叶片繁茂，质地鲜嫩，品质优好。故在大、小拱棚栽培应考虑遮阴等措施。同时芹菜喜湿润，忌干燥。其栽培密度大，因而整个生育期对土壤水分和湿度要求较高，如过干燥或浇水不及时，生长受抑制，品质也会变劣。芹菜喜肥而根浅，尤以氮素化肥不可缺少，追肥以速效氮肥为主。

（二）栽培技术

1.整地

芹菜适宜富含有机质，保水、保肥力强的壤土或黏壤土。每生产 100kg 芹菜，需氮 40g、磷 14g、钾 60g，缺氮植株矮小，叶柄易老化空心，尤以前后期缺氮影响最大。此外，芹菜对硼需要较强，缺硼，芹菜叶柄易发生劈裂，可每亩施 0.5～0.75kg 硼砂。

2.栽培茬次

秋芹菜　初夏育苗，秋凉季节生长，霜后一个月左右采收，生长期 120～150 天。

春夏芹菜　终霜前 80～90 天保护地育苗，终霜前 20～30 天定植，春夏生长，高温季节前后采收。

越冬芹菜　冬季最低均温高于 -5℃地区，可直接幼苗或小株露地越冬；-10℃左右地区，夹设风障及地面覆草越冬；-12℃以下地区，则多用秋季芹菜根株贮藏越冬，次春解冻后栽植。

3.秋露地芹菜栽培要点

适时定植　结合整地，每亩施入 5 000kg 腐熟有机肥，做宽 1～1.5m 平畦，畦长不限。软化栽培者二畦间留 55～60cm 宽空畦，以备取土，培土前空畦可撒播小水萝卜、小白菜等速生绿叶菜。当幼苗 4～5 片真叶时即行移栽，起苗时留主根 4～6cm，以利发生大量侧根和根须。栽前苗畦浇透水，下午 4—5 点起苗定植，行距 10cm，穴距 7cm，每穴栽 1～2 株，先栽大苗，后栽小苗。栽植深度以土埋住短茎为宜，随栽随浇小水，全畦浇完后，浇大水，定植后 1～2 天，再浇一次缓苗水。

加强田间管理　定植后要小水勤浇，保持土壤湿润，以利缓苗；缓苗后，为促进新根和新叶的发生，须中耕蹲苗，同时应重点防止斑枯病；芹菜立心发棵后，可肥水齐攻，每亩每次可追 15～20kg 硫铵,以后随水追施粪稀。当芹菜整株收获前 15～20 天,用 25～50mg/L 赤霉素喷洒叶面,以增加叶柄重,提高商品率。培土软化芹菜须当天气转凉后,选晴天下午无露水时开始培土,培土前要连续浇 2～3 次透水,培土软化除可改善品质外,还可适当延迟采收,增加产量。

4.小冷棚秋延后芹菜栽培要点

适时定植　芹菜苗龄 65～70 天左右,即 9 月上旬定植于小拱棚。定植前结合整地,每亩用氟乐灵 150g 喷雾除草。

温度管理　10 月上旬扣膜,至 10 月底以前昼夜放风。遇雨及时关闭风口,以防雨水入棚;11 月初开始盖草帘,3 周内每天早 8 点卷草帘,9 点拉缝放风,下午 4 点以后关缝,5 点盖草帘;11 月中旬至月底可适当晚揭早盖;进入 12 月一般 9 点卷草帘,下午 1 点拉缝放风,3 点关缝,4 点盖草帘。注意阴雪天也要适当放小风。

肥水管理　定植缓苗后及时中耕,降低土壤湿度,以后每隔 10 天左右浇一水,水量要适中;生长中后期随水追施硫铵或粪稀,每亩每次硫铵 25kg、粪稀 1 500kg。

(三)田间管理

1.日光温室冬茬芹菜栽培

冬茬芹菜一般 6—8 月露地遮阴育苗,8—10 月定植于日光温室,12 月至翌年 4 月采收。此茬正值外界气温较低的深冬和早春,栽培关键是增温保温,要求室内温度保持在 20℃左右,夜温最低保持在 5℃以上。前期主要是降温防病,后期保温放风。深冬季节 12 月至翌年 1 月加强夜间覆盖保温,最低温不低于 3℃;2 月以后,气温回升,应加大通风量,加强肥水管理。

2.冬春改良阳畦芹菜栽培要点

冬春改良阳畦芹菜栽培关键是培育壮苗大苗,抽薹前获得较大植株。定植时应精选壮苗,大小苗分别定植,最好丛栽。一般 10 月中旬至 11 月初定植于风障前的阳畦,定植后浇大水,气温 0℃左右时加盖草苫。冬前控制浇水,昼消夜冻时灌冻水,并增施腐熟人粪尿,增强抗寒能力。返青前应防止芹菜受冻和捂黄芹菜苗,故须合理揭盖草苫。翌年 3 月下旬至 4 月初,气温回升,芹菜返青,应肥水猛攻,并保持温度 15～22℃,促进早收。

3.大棚春夏芹菜栽培要点

大棚春夏芹菜多于 1 月下旬至 3 月初分期播种,播后盖膜,晚上加盖草苫。出苗前保持较高温度,出苗后最低温度不应低于 10℃。春芹菜生长前期,应控制浇水,加强中耕,以利地温回升,进入生长旺盛期,可肥水猛攻,直至收获。

（四）主要病虫害

越冬栽培芹菜的主要害虫是蚜虫。对芹菜产量和品质有较大影响的是病害，主要病害有芹菜叶斑病和芹菜斑枯病。

（五）采收

温室越冬芹菜的收获包括两种方法：一种是避收。栽培本芹和西芹都可以采取这种收获方法。每次每株采收 2～3 片达到商品性的大叶柄。另一种是割收。主要是西芹采用这种方法收获。芹菜收获后运销期间，尽量使产品处在低温高湿条件下，但不能受冻，降低呼吸作用和蒸腾作用，减少养分、水分消耗，保持鲜嫩。

四　莴苣

莴苣是菊科莴苣属莴苣种中能形成肥大肉质嫩茎的一个变种。莴苣是一种非常好吃的蔬菜，在我国非常受欢迎，种植面积也非常广泛。

莴苣

莴苣（生长中）

（一）生长习性

莴苣属耐寒性蔬菜，喜冷凉气候，不耐高温。发芽温度为4℃以上，幼苗生长适温为 15～20℃，茎的生长温度为 11～18℃。莴苣喜昼夜温差大，开花结实要求较高温度，适温为 19～22℃，栽培莴苣应避开高温长日照的季节。

莴苣对土壤表层水分状态反应极为敏感，需不断供给水分，保持土壤湿润。且需肥量较大，宜在有机质丰富，保水保肥的黏质壤土或壤土中生长。莴苣喜微酸性土壤，适宜土壤 pH 值为 6.0 左右。

（二）栽培技术

1.苗床整地

苗床要求：地势高且干燥、排水性能良好的土地。播种前处理：每亩地施入益富源种植菌液 5～10kg，加腐熟有机肥 1.5～3t 或者复合肥 50kg 作为基肥。整地前处理：在整地之前先施后进行深翻，整平整细后盖上塑料薄膜进行播种。

2.种子处理

夏、秋莴苣,选用耐热的早熟品种,如科兴 3 号、挂丝红、耐热白叶尖、苦卖叶、耐热大花叶、特耐热二白皮等。越冬莴苣、春莴苣选用耐寒、适应性强、抽薹迟的品种,如耐寒白叶尖、耐寒二白皮、苦马叶等。

由于 5—9 月温度比较高,种子发芽困难,因此在播种前需进行低温修芽,将种子放置于益富源微生物营养液稀释 200 ~ 300 倍的营养水中浸泡 6 ~ 7 小时,之后用湿纱布包好,在 -3℃或者 -5℃的环境冷冻 24 小时,之后放在阴凉处,等两三天发芽即可。

3.播种

春莴苣 春莴苣在进行大棚育苗播种时,先揭开苗畦上的塑料薄膜,浇足底水后,每亩地喷洒 3 ~ 5kg 的益富源微生物营养液,之后将种子掺在少量细土中搅拌均匀后播种。一般来说 $10m^2$ 的苗床播种量在 25 ~ 30g,播种后覆盖 0.3 ~ 0.5cm 的细土并覆盖薄膜,晚间则要加盖遮阳网,如果是露地育苗则加盖小拱棚。

在莴苣幼苗出土之前,晚揭早盖覆盖物,无须通风,提高苗床温度,等幼苗出土后则遮阳网早揭晚盖,适当进行通风,保持白天温度在 12 ~ 20℃范围内,夜间温度在 5 ~ 8℃范围内。等幼苗长至 2 ~ 3 片真叶时,间苗一次,苗距 5cm,在移栽前 5 ~ 6 天加大通风炼苗。

夏莴苣 夏莴苣播种最佳天气为阴天,在 4 月至 5 月上中旬的时候播湿籽盖薄膜,等莴苣出苗后撤去薄膜,在 5—10 月,用小拱棚或平棚覆盖遮阳网到莴苣出苗,或者在莴苣长至 2 片真叶时间苗一次,长至 4 ~ 5 片真叶时再间苗一次,苗距为 10cm,对于生长健壮的莴苣苗则可以按照植株行距离为 10cm 进行高密度栽植。

在每次完成间苗、定苗和移栽缓苗后,需结合浇水施入腐熟稀粪水,在下雨天气则要清沟排渍。定植前 15 天每亩地浇一次益富源微生物营养液水 3 ~ 5kg,等定苗或者移栽后 25 天内,就可以采收莴苣嫩株上市。

秋莴苣 在进行秋莴苣播种前,先将苗床用益富源微生物营养液稀释水浇湿浇透,播种后浇盖一层 3 ~ 4 成浓度的腐熟猪粪渣并覆盖薄稻草(覆盖黑色遮阳网也可以),播发芽籽或湿籽。在出苗前双层浮面覆盖在苗床土上,等出苗后则覆盖银灰色遮阳网。

早晚都需浇水肥,保持苗床处于湿润状态,同时还需进行除草间苗。

4.整地

选地势高燥、排水良好的地块做苗床,播前 5 ~ 7 天每亩施腐熟有机肥 4 000 ~ 5 000kg 做基肥,在整地前施入后深翻,整平整细,盖上塑料薄膜等待播种。

由于莴苣根系浅,应选用排水良好,肥沃,保水、保肥能力强的土壤种植。每亩施腐熟厩肥 2 500 ~ 3 000kg、复合肥 50kg。肥料不足,植株生长不良,易先期抽薹。夏秋莴苣生长期温度较高,雨水多,宜采用深沟高厢。施足底肥后做厢,沟深 15cm 左右,厢宽 1.2 ~ 1.6m。每厢定植 4 ~ 5 行,株行距为 33cm×33cm,每亩定植 5 000 株。移栽时选择阴天或傍晚进行,带土移栽,不伤根,移栽后及时浇足定根水,以利成活,如移栽后遇大晴天,可用遮阳网遮阴,成活后及时揭除。

5.定植与管理

莴苣定植的时候,要选择排水性能好的土壤,每亩地施入腐熟有机肥 4 000 ~ 5 000kg。再翻耕整地,做成一个 1.2 ~ 1.5m 宽的高畦。莴苣起苗是将益富源微生物营养液稀释水浇于苗床。

春莴苣 等莴苣苗龄 25 ~ 30 天,5 片叶时定植,定植后浇水,对于地膜覆盖栽培的则施足一次底肥,并覆盖好薄膜,在下雨季节则要做好排水防渍。对于大棚和露地栽培的则要在晴朗天气中耕一两次,适时浇水施肥,保持畦面湿润。

秋莴苣 莴苣苗龄 25 天时选阴天或下午定植,定植植株行距离为 25cm×35cm,定植后及时浇水,用小拱棚或平棚覆盖遮阳网。在莴苣植株封茎期前后,每亩地施入腐熟人畜粪 3 000 ~ 4 000kg,或者施入 15kg 尿素两三次。

越冬莴苣 越冬莴苣苗龄 30 ~ 40 天,叶片 4 ~ 5 片以上,采用地膜覆盖定植,定植植株行距离为 30cm×40cm,在定植后追施益富源微生物营养液稀释水。越冬前应注意炼苗,不宜肥水过多,防止莴苣苗期出现生长过旺,在第二年要及时清除杂草,浅中耕 1 次,利用地膜和大棚栽培的,则要施足底肥,注意通风管理。

6.追肥

莴苣从定植到采收 1 个多月时间,若缺肥,植株会生长不良,易发生先期抽薹现象,产量和品质下降,所以基肥要足。一般亩施腐熟人畜粪 2 500 ~ 3 000kg,或腐熟鸡粪 1 000kg、45% 氮磷钾复合肥 25 ~ 30kg,耕翻整地做畦。莴苣醒水活棵后酌施 1 ~ 2 次稀粪肥,促进幼苗生长。莲座期后肉质茎开始膨大时,结合浇水,每亩冲施 15 ~ 20kg 尿素。

(三)主要病虫害

1.病害

病毒病 病毒病一定要提前防,而且防病毒的同时一定要加入锌肥,可以用宁南霉素加上瑞培锌,在莴苣定植之后缓苗大概 5 ~ 7 天,开始叶面喷施防病毒的药剂,7 ~ 10 天喷施一次,连喷两次。

霜霉病 霜霉病一定要提前喷施保护剂预防,如果没病的情况下莴苣定植 12 ~ 15 天左右,可以用 70% 炳森锌(安泰生)12 ~ 15 天喷施一次。发生了霜霉病之后必须叶面喷施治疗剂,可以用氟吡菌胺 + 霜霉威(银法利),每亩地需要 50ml,两喷雾器水。

病害菌核病和灰霉病 这两种病害防治起来是一样的,就是在莴苣的出笋期叶面喷施悬浮剂的扑海因,它的成分是益菌脲,还可以用抑霉唑(果多鲜),这两种药剂任选一种。

黑腐病(黑皮现象)和细菌性软腐病 这两种病都是细菌性病害,针对这两个病害可以提前叶面喷施硝基腐殖酸铜(万家),每亩地用 60g,两喷雾器水。

2.虫害

包括棉铃虫、菜青虫、小菜蛾,地里没有虫子的时候为了杀卵,可以提前用虿螨脲(美除),如果地里已经有虫子了可以提前喷氟虫双酰胺,来达到治虫的目的。

(四) 采收

在茎充分肥大之前可随时采收嫩株上市,当莴苣顶端与最高叶片的尖端相平时为收获莴苣茎的适期。

第三节 瓜类蔬菜栽培技术

瓜类即葫芦科中以果实供食用栽培植物的总称。主要种类有黄瓜、西瓜、瓠瓜、中国南瓜、笋瓜、西葫芦、普通丝瓜、冬瓜、苦瓜、甜瓜等。瓜类蔬菜不但含有丰富的营养元素,同时像冬瓜、丝瓜、瓠瓜、苦瓜、西瓜和南瓜等都有药用功效,是保健蔬菜。

一 黄瓜

黄瓜别名胡瓜、王瓜、青瓜,葫芦科甜瓜属一年生攀缘性植物。黄瓜营养丰富,气味清香,鲜食、熟食均可,还能加工成泡菜、酱菜等,是人们喜食的蔬菜之一,加之品种类型丰富,适应性较强,所以分布十分广泛,是全球性的主要蔬菜之一。

| 旱地黄瓜 | 大棚黄瓜 |

(一) 生长习性

黄瓜生长适宜温度为 18~25℃,并不耐寒。春天要等到气温显著回升后才可以播种栽培。黄瓜根系主要集中在 0~30cm 土层中,主根深可达 1m。好气性强,抗寒,吸肥能力弱,栽培要浅,适于肥沃、疏松的土壤。根系形成层浅,易老化,苗期发生快,育苗时间不宜过长,定植要保护根系。

播种至第 1 片真叶出现,一般 5 ~ 7 天,此阶段生长量小、速度缓慢,需较高的温湿度和充足的光照,促进及早出苗,出苗整齐,防止徒长。

从第 1 片真叶展开至第 4 ~ 5 片真叶展开,一般需要 30 天左右。此阶段开始花芽分化,但生长中心仍为根、茎、叶等营养器官。管理目标为促控相结合,培育壮苗。从第 4 ~ 5 片真叶展开至第 1 个雌瓜坐瓜,大约需要 20 天,此时营养生长与生殖生长同时进行,生长中心逐步由营养生长转换为生殖生长,应该促控结合,促坐瓜控徒长。

从第 1 个雌瓜坐瓜至拉秧,持续时间因栽培方式不同而不同。此阶段植株生长速度减缓,以果实及花芽发育为中心。应供给充足的水肥,促进结瓜,防止早衰。

(二)栽培技术

1.整地

整地 前作物收割后,要及时将土地深耕翻整,并用 50% 多菌灵粉剂或 50% 甲基托布津粉剂每亩喷洒 15kg 进行土壤消毒。

基肥 底肥应以腐熟的秸秆堆肥、牛马粪、鸡禽粪、猪圈粪为主。农家肥每亩施入 10 000 ~ 15 000kg、过磷酸钙 100kg,或磷酸二铵 30 ~ 50kg。其中 2/3 普施,另 1/3 沟施。按行距开沟,沟里浇大水,造足底墒。

做垄 越冬茬黄瓜栽培一般采取大小垄,一是大行距 80cm,小行距 50cm,称之为密植栽培。二是小行距 80cm,大行距 100cm,称为稀植栽培。

2.培育壮苗

温室黄瓜栽培多采用嫁接育苗。选择耐寒性强、耐低温、耐弱光、早熟、雌花节位低、坐瓜率高,且抗病、丰产、优质的品种。砧木主要以云南黑子南瓜为砧木,与黄瓜亲和力强,抗旱、抗寒,根系生长旺盛,对黄瓜品质没有不良影响。

种子处理 播种前先将种子用温汤浸种处理,催芽后播种,目前生产上多采用插接和靠接。靠接法,黄瓜比南瓜早播 5 ~ 7 天;插接法,南瓜比黄瓜早播,南瓜出苗后播黄瓜。

苗床准备 苗床营养土用田园土:有机肥 =6:4 配制,每立方米营养土加入过磷酸钙 1 kg、草木灰 10 kg、50% 多菌灵或 70% 甲基托布津 80 ~ 100g、90% 敌百虫粉 60g,拌匀过筛,装入苗床或装入塑料钵待用。

适期播种 一般在 9 月下旬或 10 月上旬播种。实践表明:播种过晚,黄瓜幼苗及植株难以抵御 12 月至次年1月的恶劣天气;播种过早,前期棚内温度偏高不易控制,易造成幼苗徒长,抗逆性差。

嫁接 黄瓜嫁接有靠接和插接法,插接法中又分为直插和斜插,直插时砧木与接穗子叶方向呈"十"字形,斜插用牙签固定。靠接法的插穗切口长与砧木切口长短相等,对切口深度要严格把握,切口长 0.5 ~ 0.7cm 即可。

嫁接后的管理 嫁接后 1 ~ 2 天是伤口愈合期,是成活的关键时期。要保证棚内湿度达 95% 以上,前两天应全遮光。接后 4 ~ 10 天光照逐渐加强,中午强光时适当遮阴。接后 10 ~ 15 天黄瓜断根。壮苗标准:苗高 10 ~ 15cm,茎粗 0.6 ~ 0.7cm,具有 3 ~ 4 片叶,苗龄 35 天左右。

3.定植

一般密植栽培的株距 20 ~ 25cm,稀植栽培的株距 28 ~ 30cm,保证两行植株间形成一条灌水的垄沟。注意苗不要深栽,苗坨与垄面持平即可,注意不要把嫁接口埋到土里。

覆盖地膜 定植后不要急于扣膜,应该是在反复锄划的基础上,尽量促进根系深扎,等栽后 15 天左右再覆盖地膜。

吊蔓 吊绳一般采用尼龙线、聚丙烯绳等材料,或尼龙网支架,这样可大大减少架材的遮阴。幼苗伸蔓生长,就开始吊蔓。植株每生长一段时间就要落蔓,落蔓幅度不要太大,为保证植株不受损害,最好在下午落蔓整枝。随着落蔓摘除下部病黄叶、侧枝、卷须、雄花、畸形瓜和病瓜等。

(三)田间管理

1.温度管理

越冬茬黄瓜生育期的温度采用大温差管理,大体分为三个阶段掌握。

根瓜膨大前 第 1 片真叶以前,白天保持 25 ~ 30℃,夜间 16 ~ 18℃;从第 2 片真叶展开起,采用低夜温管理(清晨在 10 ~ 15℃)以促进雌花分化;5 ~ 6 片叶以后,晴天白天上午 25 ~ 32℃,下午 23 ~ 30℃,夜间 14 ~ 20℃;除了定植缓苗期采用稍高些的温度管理外,其余时间采用常温管理。

从结瓜到冬季 结瓜以后进入严冬季节,光照开始变弱,逐步达到晴天上午 23 ~ 25℃,不能超过 28℃,午后 20 ~ 22℃,前半夜 16 ~ 18℃,后半夜到清晨 10 ~ 12℃。夜间温度不能超过 20℃。

越冬后到春季盛瓜期 入春后,黄瓜转入产量高峰期。这时要求白天 25 ~ 28℃,但不能超过 32℃,早晨揭苫前温度达到 14 ~ 16℃。进入 3—4 月,为提早上市,也可转入高温管理,晴天上午 30 ~ 35℃,夜间 18 ~ 20℃,但相应的肥水管理得跟上。

2.浇水

根瓜坐稳前 浇定植水、缓苗水后,4 ~ 6 片叶时,应顺沟浇大水,以引导根系继续扩展。随后就转入适当控水阶段,根瓜膨大前一般不浇水,保墒、提高地温,促进根系向深入发展。

结瓜后　严冬时节到来，天气正常时，一般 7 天左右浇一次，随着气温下降，浇水每 10～12 天一次。在晴天的上午进行。

春季旺盛结瓜期　需水量增加，大小垄都要灌水。一般 4～5 天浇一水；管理温度偏高的，根据情况可以 2～3 天浇一水。嫁接苗根系扎得深，需要加大一次浇水量，把水浇透，以保证深层根系的水分供应。

3.追肥

越冬茬黄瓜结瓜期长达 4～5 个月，需肥总量大，但要薄肥勤施。追肥量大时容易出现苦味瓜。摘第一次瓜后追一次肥，每亩用硫酸铵 20～30 kg。低温期一般 15 天左右追一次肥，每次每亩追硫酸铵 10～15 kg。严冬时节搞好叶面追肥，但不可过于频繁，否则会造成药害和肥害。春季进入结瓜旺盛期后，追肥间隔时间要逐渐缩短，追肥量要逐渐增大，每亩施入尿素 15～20 kg。

4.特殊天气的管理

在遇寒流、阴雪、连阴天的特殊恶劣天气的情况下，要实施特殊的管理措施，以减少或避免灾害性天气给生产造成损失。

在强寒流到来时，严密防寒保温，增加纸被、草帘等覆盖物，室内采取临时加温生火炉、点灯泡等措施。

下雪时要及时清扫，防止棚面积雪增加骨架负荷导致温室骨架倒塌。

连阴天时及早采收瓜条，减少瓜条对养分的消耗，在不明显影响室内温度下降的情况下，尽量揭开草帘争取一定时间的散射光。天气骤晴后进行叶面追肥，以迅速补充养分和增加棚内湿度，若叶片出现严重萎蔫时，可适当进行临时遮盖。

（四）病虫害防治

黄瓜主要病害有霜霉病、细菌性角斑病、黑斑病、白粉病、炭疽病、灰霉病、疫病、枯萎病、病毒病等。虫害主要有瓜蚜、温室白粉虱、美洲斑潜蝇等。

1.黄瓜枯萎病

主要危害　黄瓜枯萎病为真菌性病害，又称萎蔫病、死秧病、蔓割病，是瓜类蔬菜的重要病害，本病菌仅侵染黄瓜和甜瓜，发生普遍，发病率高，毁灭性强。患病后黄瓜减产 30%～50%，重者绝收。

症状识别　幼苗发病，子叶先变黄、萎蔫或全株枯萎，茎基部变褐、缢缩、倒伏，维管束变褐色或呈立枯状。成株期发病，下部叶片、叶脉逐渐退绿，叶片呈掌状黄色病斑，黄叶逐渐向植株上部蔓延发展，全株叶片中午呈现萎蔫状，早晚恢复正常，反复数日后，整株叶片萎蔫下垂，直至干枯死亡。横切茎基部，可看到维管束变黄褐色，这是枯萎病的重要特征。

防治措施

①种子消毒：用50%多菌灵可湿性粉剂500倍液、40%甲醛150倍液浸种1.5小时，然后用清水冲洗干净，再催芽播种，或用70℃恒温干热灭菌72小时后再播种。

②药物防治：70%甲基硫菌灵（甲基托布津）可湿性粉剂0.5kg，掺细土50～60kg撒于定植穴里，或散到病株根茎周围。90%敌磺钠（敌克松）可湿性粉剂10g调成糊状，涂于患处，对已发病植株有效。

2.白粉虱

危害特点　成虫和若虫吸取植物汁液，使叶片褪色、变黄、萎蔫，能分泌大量蜜露，污染果实和叶片，传播病毒病。

防治方法

①调整生产茬口：即前茬安排芹菜、甜椒等白粉虱危害轻的蔬菜。

②清理田园：生产中打下的枝杈、枯老叶及时处理掉。释放丽蚜小蜂或草蛉。

③药剂防治：在每株黄瓜有成虫2.7头以下时，用10%噻嗪酮（扑虱灵）乳油1 000倍液；虫量多时在1 000倍液中加入少量的拟除虫菊酯类杀虫剂，喷2～3次即可有效地控制危害。还可用22%的敌敌畏烟剂，亩500g熏蒸。

（五）采收

采摘要分批次进行，如果坐果期遇上低温度连阴天，要及早采摘下部的瓜，必要时还要把一部分或大部分（有时是全部）的瓜纽疏掉，以保证瓜秧正常生长，为以后拿产量打好基础。结瓜初期要适当早摘、勤摘，防瓜坠秧。低温短日照到来以后，植株制造的养分有限，瓜坠秧的现象更容易出现，也早摘勤摘。春暖以后，按商品要求采摘，充分发挥优良品种的增产潜力。

二　西葫芦（荽瓜）

西葫芦又名荽瓜，是深受人们喜爱的蔬菜之一，秋季种植西葫芦，生育期短，能弥补秋淡季蔬菜供应的不足，在科学管理得当时，效益还是挺可观的。

西葫芦

西葫芦（生长中）

（一）生长习性

西葫芦最适生长温度为 20～25℃，15℃以下便生长缓慢，气温低于 8℃就停止生长。同时 25～30℃是西葫芦种子发芽适宜温度，在高于或低于这个温度区间易出现徒长和发芽缓慢。西葫芦喜湿润，不耐干旱，病毒病容易在高温干旱的条件下发生，另外高温高湿也容易造成白粉病的发生。西葫芦对土壤要求不严格，沙土、壤土、黏土均可栽培，土层深厚的壤土易获高产。

（二）栽培技术

1.选地整地

西葫芦选择土层比较深厚的土壤，它的根系吸收能力较强对肥水的吸收较快，在整地时将土壤施肥改良土质，可促进根系足够的吸收营养，达到高产的效果，施撒基肥可使用钾肥、农家肥、有机肥，与土壤混合在一起，均匀施撒在苗床上，改良土壤中的结构，深耕后细作，可增加肥效，肥料不可偏施或者过施，要做到营养均衡，将肥料与土壤混合后留出一部分播种备用。开好种植沟，浇透待播。

2.选种育苗

西葫芦一年分两季种植，春秋两茬，露地种植都采用春播，选种一般选择抗病能力较强、耐寒型的品种，选好种子后将种子催芽处理，使用温水浸芽法进行催芽，将种子后放在温度为 25～30℃的环境下进行催芽，催芽过程不可暴晒，种子的数量比较多的情况下，每天轻轻翻动种子，出芽会比较整齐，翻动过程不要损伤到种子的嫩芽，1～2天嫩芽长到 0.5～1cm 时即可播种，不可让种子的嫩芽过长，播种应在晴天时进行。

3.定植

定植时应深耕土壤 20～30cm，在定植沟内施撒腐熟的农家肥、钾肥，将肥与细沙土搅拌，施撒在定植沟内，栽种应选择晴天 8—11 点进行，将幼苗的根系伸展开，直立地放在定植沟内，覆上一层肥土，定植后 2～3 天再浇水灌溉一次，检查幼苗的成活情况，除去弱苗、死苗，并且将田间杂草除掉，等到幼苗全部成活后再灌溉一次，浇水要适量，不宜大水漫灌，待土壤微干后进行一次深耕松土，可促进根系的健壮。

（三）田间管理

1.温度管理

缓苗阶段不通风，提高棚温度，促生根。白天棚温应保持 25～28℃，夜间 18～20℃，晴天中午棚温超过 30℃时可适当通风。缓苗后白天棚温控制在 20～25℃，夜间 12～15℃，有利于雌花分化和早坐瓜。坐瓜后白天保持温度在 22～26℃，夜间 15～18℃，最低不低于 10℃，加大昼夜温差有利于营养积累和瓜的膨大。

2.肥水管理

西葫芦定植后浇透水,控水到开花坐果;待第一瓜坐住后,浇第一水,以后的水分管理按浇花不浇瓜的原则进行;结瓜盛期需水量大,而在寒冬季节,应尽量少浇水或浇少水,以防降低地温。在西葫芦长势加快时,应进行追肥,配合氮、磷、钾,多施钾肥,每公顷施磷酸二铵 300kg、硫酸钾 400kg,以后追肥与尿素交替进行。

3.整枝

到生长中后期,茎蔓在地上匍匐生长,为充分接受阳光,必须采取吊蔓措施,并及时摘除病、残、老叶以及侧芽、卷须,以免发生病害和消耗过多的养分。

（四）病害防治

防治霜霉病　可于发病初期用 45% 百菌清烟雾剂燃雾,也可用 75% 百菌清可湿性粉剂 600 倍液进行防治。

防治病毒病　要在苗期喷药灭蚜,并于发病初期选喷 1.5% 植病灵 1 000 倍液,每 5～7 天喷 1 次,连喷两三次。

（五）采收

西葫芦以食用嫩瓜为主,达到商品瓜要求时进行采收,长势旺的植株适当多留瓜、留大瓜,徒长的植株适当晚采瓜。长势弱的植株应少留瓜、早采瓜。采摘时不要损伤主蔓,瓜柄尽量留在主蔓上。

三 苦瓜

苦瓜别名锦荔枝、癞葡萄、癞蛤蟆、凉瓜等,是秋冬淡季的理想蔬菜品种。

苦瓜

苦瓜（生长中）

（一）生长习性

苦瓜喜温耐热,不耐寒。种子发芽适温为 30～35℃,植株生长和开花结果适温为 20～30℃。苦瓜属短日照植物,在长日照条件下延期开花甚至不能开花。喜光照充足,开花期遇连续阴雨天易落花落果。苦瓜喜湿但不耐涝。对土壤适应性广,而以土层深厚、疏松肥沃的沙壤栽培较好。生长前期需氮肥多,结果期要配合施入磷、钾肥。

（二）栽培技术

1.播种育苗

苦瓜露地栽培必须安排在无霜期内进行。直播在4月底至5月上中旬进行，为提早栽培，一般在3月下旬至4月上旬利用阳畦或温室播种育苗。

苦瓜种皮厚而硬，播种前要浸种催芽，即先将种子倒入70～75℃的热水中并不断翻倒，使水温降到30℃，再浸泡12小时，然后在30℃下催芽，出芽后播种。

用纸筒或营养土块育苗。准备好的苗床浇透水，水渗下后撒一层细土，返潮后播种，覆土2～3cm。苗床温度保持在30℃左右。出齐苗后适当降温防徒长，定植前加强株苗管理。

2.整地施基肥

栽培苦瓜选择地势高、排灌方便、土质肥沃的泥质土为宜，前茬作物最好是水稻田，忌与瓜类蔬菜连作。播前耕翻晒垡，整地做畦。每亩要施入基肥（腐熟的土杂肥）1 500～2 000kg、过磷酸钙30～35kg。

3.适当密植

苦瓜苗长出3～4片真叶时，可选择晴天的下午定植。行距×株距为65cm×30cm，一般密度2 000～2 250株/亩。定植不可过深，因为苦瓜幼苗较纤弱，栽深易造成根腐烂而引起死苗，定植后要浇定苗水，促使其缓苗。

（三）田间管理

1.温控管理

苗床棚内温度白天保持在30℃左右，夜间不低于15℃。第1片真叶至4片真叶期，中午应通风降温，保持25～30℃。在移栽定植前7～10天，要控制水分，降低苗床温度。以后逐渐增加揭膜通风时间，直到完全不盖膜。

2.移栽定苗

苗龄在5叶1心时转大田定植，4月25日为适栽期。在整好的畦内扒穴，每畦两行，行距1.2m，穴距50cm，每穴施复合肥20g左右，亩定植1 600～1 700株。

3.搭好支架

苦瓜开始抽蔓时要搭好"人"字支架，架顶要用横杆连接，固定架杆要选用长2.5m、直径3cm的竹竿。前期要注意人工绑蔓，辅助瓜秧上架。

4.整枝打杈

苦瓜上架后，主蔓50cm以下不能留瓜，应把雌花摘掉以利于整体发育。待主蔓坐稳6～7个瓜后，留5～6片叶打顶，同时摘除其余子蔓、孙蔓。

5.肥水管理

苦瓜生育期长，采收期达 3 个多月，因此要保证水肥供应充足，特别是进入盛果期，如遇干旱应每 7 天浇一次水。浇水之前应结合穴施尿素或复合肥每亩 7 ~ 10kg，如遇连阴雨，应注意排涝；同时叶面喷施磷酸二氢钾 2 次到 3 次。

（四）病虫害防治

苦瓜病害主要有炭疽病，多于中后期发生。防治应及时摘除残、烂、病叶。还可用 50%托布津 800 ~ 1 000 倍液，或用 70%的百菌清可湿性粉剂 600 倍液于发病初期每天喷雾防治，虫害主要有蚜虫、菜青虫，可用敌杀死乳剂 1 000 ~ 2 000 倍液或 40%乐果乳油 1 500 倍液叶面喷洒。

（五）采收

开花后 12 ~ 15 天，当瓜条的瘤状或条状突起比较饱满，果实有光泽、果顶颜色开始变淡时，及时采收。

四　西瓜

西瓜起源于非洲热带草原，为葫芦科一年生攀缘性草本植物，我国栽培历史悠久。

露天西瓜

大棚西瓜

（一）塑料大棚春茬栽培技术

温度管理　定植后 5 ~ 7 天闷棚增温，白天温度保持在 30℃左右，夜间 20℃左右，最低夜温10℃以上，10cm 地温维持在 15℃以上。温度偏低时，应及时加盖小拱棚、二道幕、草苫等保温。缓苗后开始少量放风，大棚内气温保持在 25 ~ 28℃，超过 30℃适当放风，夜间加强覆盖，温度保持在 12℃以上，10cm 地温保持在 15℃以上。随着外界气温的升高和蔓的伸长，当棚内夜温稳定在 15℃以上时，可把小拱棚全部撤除，并逐渐加大白天的放风量和放风时间。开花坐果期白天气温应保持在 30℃左右，夜间不低于 15℃，否则坐瓜不良。瓜开始膨大后要求高温，白天气温 30 ~ 32℃，夜间 15 ~ 25℃，昼夜温差保持 10℃左右，地温 25 ~ 28℃。

肥水管理　定植前造足底墒，定植时浇足定植水，瓜苗开始甩蔓时浇一次促蔓水，之后到坐瓜前不再浇水。大部分瓜坐稳后浇催瓜水,之后要勤浇,经常保持地面湿润。瓜生长后期适当减少浇水,采收前 7~10 天停止浇水。

在施足基肥的情况下,坐瓜前一般不追肥。坐瓜后结合浇水每亩冲施尿素 20kg、硫酸钾 10~15kg,或充分腐熟的有机肥沤制液 800kg。膨瓜期再冲施尿素 10~15kg、磷酸二氢钾 5~10kg。

开花坐瓜后,每 7~10 天进行一次叶面喷肥,主要叶面肥有 0.1%~0.2% 尿素、0.2% 磷酸二氢钾、丰产素、1% 复合肥浸出液及 1% 红糖或白糖等。

植株调整　采用吊蔓栽培时,当茎蔓开始伸长后应及时吊绳引蔓。多采取双蔓整枝,将两条蔓分别缠在两根吊绳上,使叶片受光均匀。引蔓时如茎蔓过长,可先将茎蔓在地膜上绕一周再缠蔓,但要注意避免接触土壤。

爬地栽培一般采取双蔓整枝或三蔓整枝法。双蔓整枝法保留主蔓和基部的一条健壮子蔓,多用于早熟品种;三蔓整枝法保留主蔓和基部两条健壮子蔓,其余全部摘除,多用于中、晚熟品种。当蔓长到 50cm 左右时,选晴暖天引蔓,并用细枝条卡住,使瓜秧按要求的方向伸长。主蔓和侧蔓可同向引蔓,也可反向引蔓,瓜蔓分布要均匀。

人工授粉与留瓜　开花当天 6—9 时授粉,阴雨天适当延后。一般每株瓜秧主蔓上的第 1~3 朵雌花和侧蔓上的第 1 朵雌花都要进行授粉。选留主蔓第 2 雌花坐瓜,每株留 1 个瓜,其他作为后备瓜。坐瓜后,要不断进行瓜的管理,包括垫瓜、翻瓜、竖瓜等。

吊蔓栽培时要进行吊瓜或落瓜,即当瓜长到 500g 左右时,用草圈从下面托住瓜或用纱网袋兜住西瓜,吊挂在棚架上,以防坠坏瓜蔓;或将瓜蔓从架上解开放下,将瓜落地,瓜后的瓜蔓在地上盘绕,瓜前瓜蔓继续上架。

植物生长调节剂的应用　塑料大棚早春栽培西瓜,棚内温度低,为提高坐瓜率,可在授粉的同时,用 20~50mg/L 坐果灵蘸花。坐瓜前瓜秧发生旺长时,可用 200mg/L 助壮素喷洒心叶和生长点,每 5~7 天 1 次,连喷 2~3 次。

割蔓再生　大棚西瓜采收早,适合进行再生栽培,一般采用割蔓再生法。具体做法是:头茬瓜采收后,在距嫁接口 40~50cm 处剪去老蔓。割下的老蔓连同杂草、田间废弃物清理出园,同时喷施 50% 多菌灵可湿性粉剂 500 倍液进行田间消毒,再结合浇水每亩追施尿素 12~15kg、磷酸二氢钾 5~6kg,促使基部叶腋潜伏芽萌发。由于气温较高,光照充足,割蔓后 7~10 天就可长成新蔓,之后按头茬瓜栽培法进行整枝、压蔓及人工授粉等。

温度管理上以防高温为主。根据再生新蔓的生长情况,开花坐果前可适量追肥,一般每亩追施腐熟饼肥 40~50kg、复合肥 5~10kg,幼瓜坐稳后,每亩追施复合肥 20~25kg,促进果实膨大,通常 40~45 天就可采收二茬瓜。

（二）地膜覆盖与双膜覆盖栽培

1.品种选择

选用早熟或中熟品种。

2.育苗

在加温温室或日光温室内，用育苗钵进行护根育苗，适宜苗龄为30～40天，具有3～4片真叶。

3.定植

地膜覆盖于当地终霜期后定植，双膜覆盖（小拱棚＋地膜）可比露地提早15天左右。定植前15～20天开沟深施肥，沟深50cm、宽1m，施肥后平沟起垄，垄高15～20cm、宽50～60cm，早熟品种垄距为1.5～1.8m，中晚熟品种垄距1.8～2.0m，株距40～50cm。为节约架材和地膜，双膜覆盖还可采取单垄双株栽植或单垄双行栽植，垄距3.0m，早熟品种每亩定植1 100～1 300株，中熟品种800～900株，随定植随扣棚。

4.田间管理

双膜覆盖定植后密闭保温，以利缓苗。缓苗后注意通风换气，防止高温烤苗。当外界气温稳定在18℃以上时撤除拱棚，南方地区雨水多，可在完成授粉后撤棚。多采用双蔓整枝，引蔓、压蔓要及时。为确保坐果，必须进行人工辅助授粉。头茬瓜结束后，加强管理，可收获二茬瓜。

（三）无籽西瓜栽培要点

1.人工破壳、高温催芽

无籽西瓜种壳坚厚，种胚发育不良，发芽困难，需浸种后人工破壳才能顺利发芽。破壳时一定要轻，种皮开口要小，长度不超过种子长度的1/3，不要伤及种仁。无籽西瓜发芽要求的温度较高，以32～35℃为宜。

2.适期播种、培育壮苗

无籽西瓜幼苗期生长缓慢，长势较弱，应比普通西瓜提早3～5天播种，苗期温度也要高于普通西瓜3～4℃。要加强苗床的保温工作，如架设风障、多层覆盖等。此外，在苗床管理时，还应适当减少通风量，以防止床内温度下降太快。出苗后及时摘去夹住子叶的种壳。

3.配置授粉品种

无籽西瓜植株花粉发育不良，必须间种普通西瓜品种作为授粉株，生产上一般3行或4行无籽西瓜间种1行普通西瓜。授粉品种宜选用种子较小、果实皮色不同于无籽西瓜的当地主栽优良品种，较无籽西瓜晚播5～7天，以保证花期相遇。

4.适当稀植

无籽西瓜生长势强,茎叶繁茂,应适当稀植。一般每亩栽植 400~500 株。

5.加强肥水管理

从伸蔓后至坐瓜期应适当控制肥水,浇水以小水暗浇为宜,以防造成徒长跑秧,难以坐果。瓜坐稳后加大肥水供应量,肥水齐攻,促进果实迅速膨大。

(四)小果型西瓜栽培

小果型西瓜一般以设施栽培为主,可利用日光温室或大棚进行早熟栽培和秋延后栽培。小果型西瓜对肥料反应敏感,施肥量为普通西瓜的 70% 左右为宜,忌氮肥过多,要求氮磷钾配合施用。定植密度因栽培方式和整枝方式而异。吊蔓或立架栽培通常采用双蔓整枝,每亩定植 1 500~1 600 株。爬地栽培一般采用多蔓整枝,三蔓整枝每亩定植 700~750 株,四蔓整枝 500~550 株。留瓜节位以第二或第三雌花为宜。每株留瓜数可视留蔓数而定。一般双蔓整枝留 1~2 个瓜,多蔓整枝可留 3~4 个瓜。部分品种可留二茬瓜,坐瓜节以下子蔓应尽早摘除。

五　甜瓜

甜瓜又名香瓜,主要起源于我国西南部和中亚地区,属葫芦科一年生蔓性植物。果实香甜,以鲜食为主,也可制作果脯、果汁及果酱等。

甜瓜

羊角甜瓜

(一)塑料大棚厚皮甜瓜春茬栽培技术

1.品种选择

选择状元、蜜世界、伊丽莎白等。

2.播种育苗

利用温室、大拱棚或温床育苗。播前进行浸种催芽。采用育苗钵或穴盘育苗。每钵播一粒带芽种子,覆土 1.5cm。出苗前白天温度保持在 28~30℃,夜间 17~22℃;苗期要求白天温度为 22~25℃,夜间 15~17℃;定植前 7 天低温炼苗。苗龄 30~35 天,具有 3~4 片真叶时为定植适期。

重茬大棚宜进行嫁接育苗,砧木有黑籽南瓜、杂交南瓜或野生甜瓜,插接法嫁接。

3.整地做畦

整地前施足底肥,一般每亩施优质有机肥 3～5m³、复合肥 50kg、钙镁磷肥 50kg、硫酸钾 20kg、硼肥 1kg。土地深翻耙细整平后做畦。采用高畦,畦面宽 1.0～1.2m,高 15～20cm,沟宽 40～50cm。

4.定植

晴天定植。采用大小行栽植,小行距 70cm,大行距 90cm,株距 35～50cm。每亩定植株数为:小果型品种 2 000～2 200 株,大果型品种 1 500～1 800 株。

5.田间管理

温度管理　定植初期要密闭保温,促进缓苗,白天棚内气温 28～35℃,夜间 20℃以上;缓苗后,白天棚温 25～28℃,夜间 15～18℃,超过 3℃通风;坐瓜后,白天棚温 28～32℃,夜间 15～20℃,保持昼夜温差 13℃以上。

植株调整　甜瓜整枝方式主要有单蔓整枝、双蔓整枝及多蔓整枝等几种。

单蔓整枝适用于以主蔓或子蔓结瓜为主的甜瓜品种密集栽培,双蔓整枝适用于以孙蔓结瓜为主的中、小果型甜瓜品种密集早熟栽培,多蔓整枝主要用于以孙蔓结瓜为主的大、中果型甜瓜品种的早熟高产栽培。

厚皮甜瓜品种大多以子蔓结瓜为主,大棚春茬栽培一般采取吊蔓栽培、单蔓整枝、子蔓结瓜,少数采用双蔓整枝。单蔓整枝一般在 12～14 节位留瓜,选留瓜节前后的 2～3 个基部有雌花的健壮子蔓作为预备结果枝,其余摘除,坐瓜后瓜前留 2 片叶摘心,主蔓 25～30 片真叶时摘心。双蔓整枝在幼苗长至 4～5 片真叶时摘心,选留 2 条健壮子蔓,利用孙蔓结瓜,每子蔓的留果、打杈、摘心等方法与单蔓整枝相同。

人工授粉与留瓜　在预留节位的雌花开放时,于 8—10 时人工授粉。当幼瓜长至鸡蛋大时开始选留。小果型品种每株留 2 个瓜,大果型品种每株留 1 个瓜。当幼瓜长到 250g 左右时,及时吊瓜。小果型瓜可用网兜将瓜托住,也可用绳或粗布条系住果柄,拉住瓜,防止瓜坠拉伤瓜秧。大果型瓜需用草圈从下部托起,防止瓜坠地。当瓜定个后,定期转瓜 2～3 次,使瓜均匀见光着色。

肥水管理　定植时浇足定植水,抽蔓时浇一次促蔓水,并随水追施尿素 15kg、磷酸二铵 10kg、硫酸钾 5kg。坐瓜前后严格控制浇水,防止瓜秧旺长,引起落花落果。坐瓜后植株需水需肥量增大,根据结瓜期长短适当追肥 1～2 次,每次每亩冲施硝酸钾 20kg、磷酸二氢钾 10kg,或充分腐熟的粪肥 800～1 000kg,并交替喷施叶面肥 0.2% 磷酸二氢钾、甜瓜专用叶面肥、1% 的过磷酸钙浸出液、葡萄糖等。

（二）露地地膜覆盖薄皮甜瓜栽培

1.整地做畦

选择地势高、排水良好、土层深厚的沙壤土或壤土，结合整地每亩施入腐熟优质有机肥 4～5m³，过磷酸钙 50kg。南方地区采用高畦深沟栽培，华北、东北多做成平畦，西北干旱少雨地区采用沟畦。

2.播种定植

直播或育苗移栽均可，一般在露地断霜后播种或定植。露地直播采用干籽或催芽后点播。育苗移栽多采用小拱棚营养钵育苗，苗龄 30～35 天，3～5 片真叶时定植。种植密度因品种和整枝方式而异，一般每亩定植 1 000～1 500 株。宜采取大小行栽苗，大行距 2～2.5m，小行距 50cm，株距 30～60cm。

3.田间管理

在底肥施足、土壤墒情较好的情况下，结瓜前控制肥水，加强中耕，以促进根系生长，防止落花落果。若土壤墒情不足且幼苗生长瘦弱，可结合浇水追施一次提苗肥，每亩追施磷酸二铵 10kg，结瓜后应保证肥水充足供应。瓜蔓伸长后，应及早引蔓、压蔓，使瓜蔓按要求的方向伸长。整枝方式各地差别较大，以主蔓或子蔓结瓜为主的小果型品种密集早熟栽培多采取单蔓整枝；以孙蔓结瓜为主的中、小型品种密集早熟栽培多采取双蔓整枝；中、晚熟品种高产栽培宜采取多蔓整枝。

小果型品种密集栽培每株留瓜 2～4 个，稀植时留瓜 5 个以上；大果型品种每株留瓜 4～6 个。

（三）适时采收

甜瓜的采收时机也会影响其产量与质量，过早采摘可能会导致甜瓜不熟，甜度不够，适口性较差；成熟时或者过晚采摘则会导致甜瓜没有进入市场就可能出现熟过发烂的问题，造成大量损失。最好的采摘时机应该是甜瓜九成熟的时候，此时的甜瓜色泽好、口感最甜、香味浓郁，有足够的时间流入市场，且不损害甜瓜的商品价值。

第四节　茄果类蔬菜栽培技术

茄果类蔬菜包括番茄、茄子、辣椒、酸浆、香艳茄等，其中番茄、茄子、辣椒是我国最主要的果菜。茄果类蔬菜不仅含有丰富的维生素、矿物盐、碳水化合物、有机酸及少量蛋白质等人体必需的营养物质，而且是加工制品的好原料。茄果类蔬菜由于产量高，生长及供应季节长，经济利用范围广泛，所以全国各地都普遍栽培。

共同特点：

①茄果类蔬菜原产热带，性喜温暖，不耐寒冷。

②对光周期反应不敏感，要求较强的光照和良好的通风条件，光照不足易引起徒长。

③根系发达，生长旺盛，分枝力强。

④具有许多共同的病虫害，在茬口安排上应避免连作和与茄科作物轮作。

一　番茄

番茄，即西红柿，是管状花目、茄科、番茄属的一种一年生或多年生草本植物，体高 0.6～2m，全体生黏质腺毛，有强烈气味，茎易倒伏，叶羽状复叶或羽状深裂，花序总梗长 2～5cm，常 3～7 朵花，花萼辐状，花冠辐状，浆果扁球状或近球状，肉质而多汁液，种子黄色，花果期夏秋季。

（一）生长习性

番茄性喜温，喜光，短日照植物，能耐旱，但不耐涝。番茄喜水，植株地上部的茎叶繁茂，蒸腾作用较快。番茄根系发达，吸水力较强，生长期内不能缺水，土壤湿度宜在 60%～80%，空气湿度宜在 45%～50%。番茄适应性较强，对土壤条件要求不十分严格，土壤 pH 值 6～7 为宜。充足的光照能够促进养分的积累和转换，为植株生长输送充足的养分，使植株健壮，抗性强，防止徒长，利于提高产量。番茄喜肥，需肥量较大，不同生育期所需养分也有所不同。宜在土壤肥沃，土层深厚，土质疏松，光照充足，排灌便利，无病虫害或病虫害低发，远离污染，有洁净水源的田地种植。

西红柿

西红柿青苗

（二）栽培技术

1.整地施基肥

越冬栽培的番茄生长期长，产量高，对肥料的需求量大。要保持番茄高产首先要施足基肥。以亩产 15 000kg 计算，每亩的参考肥量为：腐熟鸡粪 6～8m³、贵和生物有机肥 8～10 袋（也可不用鸡粪直接用生物有机肥 20～25 袋）、复合肥（硫酸钾型 15–

15-15）50～100kg、硫酸钾 20～40kg、过磷酸钙（最好跟有机肥混合使用）30～40kg、杀菌及杀线虫剂适量。

2.生长期管理

育苗床的准备选用优质园土和贵和生物有机肥以 7：3 或 6：4 的比例混合，加适量杀菌剂，过筛后装营养钵。将营养钵浇透水，播种（事先催芽），覆盖湿潮土。

近年来，工厂化育苗得以迅速发展，越来越多的农民在生产中直接购买幼苗，自己育苗的越来越少，但工厂化育苗中助壮素的大量使用往往导致定植后植株生长停滞，缓苗慢。针对这一问题，可在浇缓苗水时随水冲施绿源生冲施肥，用量为 3～5L/亩，可有效促进发根，加快缓苗。注意，浇水后要及时划锄，一般应由浅到深连续划锄 3～4 次，有利于保持土壤水分，增加土壤透气性，并促进根系向下生长，强健植株，减少病害发生。

培土　部分地区的种植习惯是，平畦定植，15～20 天后培土。一般结合培土可施入贵和生物有机肥 6～8 袋/亩。培土后覆盖地膜，于地膜下浇水。此后，直至旺盛生长期一般不再浇水。

控制旺长　番茄根系吸收能力强，植株容易徒长，营养生长过盛，不利于花芽的分化，因此要适时控制旺长。特别是在第一穗果坐果前，浇定植水后要适当控水，同时要控制好温度，特别是要保持较低的夜温，当植株徒长时可喷施矮壮素+绿源生叶面肥，以抑制植株的营养生长，促进花芽分化，为后期高产稳产打好基础。

3.旺盛生长期的管理

番茄在第一花序坐果前，土壤水分过多易引起植株徒长，根系发育不良，造成落花。第一花序果实膨大生长后，枝叶迅速生长，需要增加水分供应。盛果期需要大量水分供给，除果实生长需水外，还要满足花序发育对水分的需求。此期营养生长和生殖生长同时进行，对养分的需求量大，合理施肥浇水，协调营养生长和生殖生长是番茄丰产的关键。

追肥，冬季保护地栽培的番茄一般在第二穗果坐住、第三穗开花前后开始追肥，此时，第一穗果长至核桃大小，标志着进入旺盛生长期。可随水冲施贵和氨基酸冲施肥 2～3 桶/亩。同时也可喷施地丰叶面肥 300～500 倍液，7 天一次，连用 2～3 次。一般在严冬来临前浇水 3～4 次，不能浇空水，可以交替冲施复合肥和氨基酸冲施肥。

寒冬来临前，随水冲施地丰冲施肥 5～10L（1L/瓶），可有效提高地温，强健植株，减少或避免生理性病害。

严冬季节（12 月至次年 2 月），看植株浇水，提倡小水勤浇，杜绝浇大水。浇水时随水冲施绿源生冲施肥可有效防治死棵现象的发生。翌年春天，4 月初，开始从底部放风后，可加大肥水管理。

(三)病害的防治

冬季保护地栽培中的病害的防治要以防为主,在严寒来临、病害多发时期前开始防治,可用广谱性杀菌剂进行早期预防,一般每隔6~7天一次,连续使用2~3次。

(四)采收

适时采果。番茄成熟有绿熟、变色、成熟、完熟4个时期。贮存保鲜可在绿熟期采收。运输出售可在变色期(果实的1/3变红)采摘。就地出售或自食应在成熟期即果实1/3以上变红时采摘。采收时应轻摘轻放,摘时最好不带果蒂,以防装运中果实相互被刺伤。初霜前,如还有熟不了的青果,应采下后贮藏在温室内,待果实变熟后再上市,这样既延长了供应期,又增加了经济效益。在果实后熟期不宜用激素刺激果实着色,经精选后装箱销售,它的好处在于既降低了生产成本,改善了果品品质,又保障了消费者的食用安全。

二 茄子

茄子原产于东南亚印度。在我国栽培历史悠久,分布很广,为夏、秋季的主要蔬菜。其品种资源极为丰富。据中国农业科学院蔬菜花卉研究所组织全国各省、市科技工作者调查统计,共搜集了972份有关茄子的材料,这为杂交制种提供了雄厚资源条件。20世纪70年代以前,茄子的单产不高,而后一些科研单位配制选育了一批杂交组合,如南京的苏长茄、上海的紫条茄、湖南的湘早茄等。一些种子公司也开始生产和经营杂交茄子种子,从而大大提高了茄子的单位面积产量。

茄子的营养成分比较丰富。据分析,每100g可食部分含蛋白质2.3g、脂肪0.1g、碳水化合物3g、钙22mg、磷31g、铁0.3mg等。

茄子

茄子(生长中)

1.整地做畦施基肥

茄子根系较发达，吸肥能力强，如要获得高产，宜选择肥沃而保肥力强的黏壤土栽培，不能与辣椒、番茄、马铃薯等茄科作物连作，要与茄科蔬菜轮作 3 年以上。在茄子定植前 15 ~ 20 天，翻耕 27 ~ 30cm 深，做成 1.3 ~ 1.7m 宽的畦。

茄子是高产耐肥作物，多施肥料对增产有显著效果。苗期多施磷肥，可以提早结果。结果期间，需氮肥较多，充足的钾肥可以增加产量。一般每亩施猪粪或人粪尿 40 ~ 50 担、过磷酸钙 15 ~ 25kg、草木灰 50 ~ 100kg，在整地时与土壤混合，也可以进行穴施。

2.播种育苗

播种育苗的时间，要看各地气候、栽培目的与育苗设备来定。一般在 11 月上中旬利用温床播种，用温床或冷床移植。如用工厂化育苗可在 2 月上中旬播种。播种前宜先浸种，播干种则发芽慢，且出苗不整齐。

茄子种子发芽的温度，一般要求在 25 ~ 30℃。经催芽的种子播下后 3 ~ 4 天就可出土。茄子苗生长比番茄、辣椒都慢，所以需要较高的温度。育茄子苗的温床，宜多垫些酿热物，晴天日温应保持 25 ~ 30℃，夜温不低于 10℃。

苗床增施磷肥，可以促进幼苗生长及根系发育。幼苗生长初期，需间苗 1 ~ 2 次，保持苗距 1 ~ 3cm，当苗长有 3 ~ 4 片真叶时移苗假植，此后施稀薄腐熟人粪尿 2 ~ 3 次，以培育壮苗。

3.定植

茄子要求的温度比番茄、辣椒要高些，所以定植稍迟。南昌地区一般要到 4 月上中旬进行。为了使秧苗根系不受损伤，起苗前 3 ~ 4 小时应将苗床浇透水，使根能多带土。定植要选在没有风的晴天下午进行。定植深度以表土与子叶节平齐为宜，栽后浇上定根水。

栽植的密度与产量有很大关系。早熟品种宜密些，中熟品种次之，晚熟品种的行株距可以适当放大。其次与施肥水平的关系也很大，即肥料多可以栽稀些，肥料少要密一点，这样能充分利用光能，提高产量。一般在 80 ~ 100cm 宽的小畦上栽两行。早熟品种的行株距为 50cm×40cm，中晚熟品种为（70 ~ 80）cm×（43 ~ 50）cm。

4.田间管理

追肥　茄子是一种高产的喜肥作物，它以嫩果供食用，结果时间长，采收次数多，故需要较多的氮肥、钾肥。如果磷肥施用过多，会促使种子发育，以致籽多，果易老化，品质降低，所以生长期的合理追肥是保证茄子丰产的重要措施之一。定植成活后，每隔 4 ~ 5 天结合浇水施 1 次稀薄腐熟人粪尿，催起苗架。当根茄结牢后，要重施 1 次人粪尿，每亩 20 ~ 30 担。这次施肥与植株生长和以后产量关系很大，以后每采收 1 次，或隔 10 天左右追施人粪尿或尿素 1 次。施肥时不要把肥料浇在叶片或果实上，否则会引起病害发生并影响光合作用的进行。

排水与浇水　茄子既需要水又怕涝，在雨季要注意清沟排水，发现田间积水应立即排除，以防涝害及病害发生。

茄子叶面积大，蒸发水分多，不耐旱，所以需要较多的水分。如土壤中水分不足，则植株生长缓慢，落花多，结果少，已结的果亦果皮粗糙、品质差，宜保持 80% 的土壤湿度，干时灌溉能显著增产。灌溉方法有浇灌、沟灌两种。地势不平的以浇灌为主，土地平坦的可行沟灌。沟灌的水量以低于畦面 10cm 为宜，切忌漫灌，灌水时间以清晨或傍晚为好，灌后及时把水排除。

在山区水源不足，浇灌有困难的地方，为了保持土壤中有适当的水分，还可采取用稻草、树叶覆盖畦面的方法，以减少土表水分蒸发。

中耕除草和培土　茄子的中耕除草和追肥是同时进行的。中耕除草并让土壤晒白后要及时追上稀薄人粪尿。中耕还能提高土温，促进幼苗生长，减少养分消耗。中耕中期可以深些，5～7cm，后期宜浅些，约 3cm。当植株长到 30cm 高时，中耕可结合培土，把沟中的土培到植株根际。对于植株高大的品种，要设立支柱，以防大风吹歪或折断。

整枝，摘老叶　茄子的枝条生长及开花结果习性相当有规则，所以整枝工作不多。一般将靠近根部的过于繁密的 3～4 个侧枝除去。这样可免枝叶过多，增强通风，使果实发育良好，不利于病虫繁殖生长。但在生长强健的植株上，可以在主干第一花序下的叶腋留 1～2 条分枝，以增加同化面积及结果数目。

茄子的摘叶比较普遍，南昌市、南京市、上海市、杭州市、武汉市等地的菜农认为摘叶有防止落花、果实腐烂和促进结果的作用。尤其在密植的情况下，为了早熟丰产，摘除一部分老叶，使通风透光良好，并便于喷药治虫。

防止落花　茄子落花的原因很多，主要是光照微弱、土壤干燥、营养不足、温度过低及花器构造上有缺陷。

防止落花的方法：据蔬菜研究所试验，在茄子开花时，喷射 50mg/kg（即 1ml 溶液加水 200g）的水溶性防落素效果很好。浙江大学农学院蔬菜教研室在杭州用藤茄做的试验说明，防止 4 月下旬的早期落花，可以用生长刺激剂处理，其方法是用 30mg/kg 的 2,4-D 点花。经处理后，既防止了落花，又提早 9 天采收，增加了早期产量。

三　辣椒

辣椒，又叫番椒、海椒、辣子、辣角、秦椒等，是辣椒属茄科一年生草本植物。果实通常成圆锥形或长圆形，未成熟时呈绿色，成熟时变成鲜红色、黄色或紫色，以红色最为常见。辣椒的果实因果皮含有辣椒素而有辣味，能增进食欲。辣椒中维生素 C 的含量在蔬菜中居第一位。

辣椒原产于中南美洲热带地区,是喜温的蔬菜。15世纪末,哥伦布发现美洲之后把辣椒带回欧洲,并由此传播到世界其他地方。于明代传入我国,我国各地普遍栽培,成为一种大众化蔬菜,其产量高,生长期长,从夏到初霜来临之前都可采收,是我国北方地区夏、秋淡季的主要蔬菜之一。

辣椒

辣椒(生长中)

(一)露地栽培

早春育苗,露地定植为主。

1.种子处理

要培育长龄壮苗,必须选用粒大饱满、无病虫害、发芽率高的种子。育苗一般在春分至清明。将种子在阳光下暴晒2天,促进后熟,提高发芽率,杀死种子表面携带的病菌。用300~400倍液的高锰酸钾浸泡20~30分钟,以杀死种子上携带的病菌。反复冲洗种子上的药液后,再用25~30℃的温水浸泡8~12小时。

2.育苗播种

苗床做好后要灌足底水,然后撒薄薄一层细土,将种子均匀撒到苗床上,再盖一层0.5~1cm厚的细土,最后覆盖小棚保湿增温。

3.苗床管理

播种后6~7天就可以出苗。70%小苗拱土后,要趁叶面没有水时向苗床撒细土0.5cm厚。以弥缝保墒,防止苗根倒露。苗床要有充分的水供应,但又不能使土壤过湿。辣椒高度到5cm时就要给苗床通风炼苗,通风口要根据幼苗长势及天气温度灵活掌握,在定植前10天可露天炼苗。幼苗长出3~4片真叶时进行移植。

4.定植

在整地之后进行。种植地块要选择近几年没有种植茄果蔬菜和黄瓜、黄烟的春白地,刚刚收过越冬菠菜的地块也不好。定植前7天左右,每亩地施用土杂肥5 000kg、过磷酸钙75kg、碳酸氢铵30kg做基肥。定植的方法有两种:畦栽和垄栽。主要是垄作双行密植。即垄距 85 ~ 90cm, 垄高 15 ~ 17cm, 垄沟宽 33 ~ 35cm。施入沟肥, 撒均匀即可定植。株距 25 ~ 26cm, 呈双行, 小行距 26 ~ 30cm。错埯栽植, 形成大垄双行密植的格局。

5.田间管理

苗期应蹲苗,进入结果期至盛果期,开始肥水齐攻。盛果期后旱浇涝排,保持适宜的土壤湿度。在定植 15 天后追磷肥 10kg、尿素 5kg,并结合中耕培土高 10 ~ 13cm,以保护根系防止倒伏。进入盛果期后管理的重点是壮秧促果。要及时摘除门椒,防止果实坠落引起长势下衰。结合浇水施肥,每亩追施磷肥 20kg、尿素 8kg,并再次对根部培土。注意排水防涝。要结合喷施叶面肥和激素,以补充养分和预防病毒。

6.及时采收

果实充分长大,皮色转浓绿,果皮变硬而有光泽是商品性成熟的标志。

(二)大棚栽培

1.育苗

选用早熟、丰产、株形紧凑、适于密植的品种是辣椒大棚栽培早熟的关键。可选用农乐、中椒 2 号、甜杂 2 号、津椒 3 号、早丰 1 号、早杂 2 号等。播种期一般在 1 月上旬至 2 月上旬。

2.定植

在 4—5 月,可畦栽也可垄栽,双行定植。选择晴天上午定植。由于棚内高温高湿,辣椒大棚栽培密度不能太大,过密会引起徒长,光长秧不结果或落花,也易发生病害,造成减产。为便于通风,最好采用宽窄行相间栽培,即宽行距 66cm,窄行距 33cm,株距 30 ~ 33cm,每亩 4 000 穴左右,每穴双株。

3.定植后的管理

定植时浇水不要太多,棚内白天温度 25 ~ 28℃,夜间以保温为主。过 4 ~ 5 天后,浇 1 次缓苗水,连续中耕 2 次,即可蹲苗。开花坐果前土壤不干不浇水,待第一层果实开始收获时,要供给大量的肥水,辣椒喜肥、耐肥,所以追肥很重要。多追有机肥,增施磷钾肥,有利于丰产并能提高果实品质。盛果期再追肥灌水 2 ~ 3 次。在撤除棚膜前应灌 1 次大水。此外还要及时培土,防倒伏。

4.保花保果及植株调整

为提高大棚辣椒坐果率,可用生长素处理,保花保果效果较好。2, 4-D 质量分数为 15 ~ 20mg/kg。10 时以前抹花效果比较好。扣棚期间共处理 4 ~ 5 次。辣椒栽培不用搭架,也不需整枝打杈,但为防止倒伏,对过于细弱的侧枝及植株下部的老叶,可以疏剪,以节省养分,有利于通风透光。

第五节　豆类蔬菜栽培技术

豆类蔬菜为以嫩豆荚或嫩豆粒作为蔬菜食用的栽培种群。栽培历史在 6000 年以上，包括菜豆、红花菜豆、豇豆、菜用大豆、豌豆、蚕豆、蔓生刀豆、扁豆、四棱豆、藜豆、油豆等 9 个属的 11 个种。

豆类蔬菜营养价值高，富含蛋白质、碳水化合物、脂肪、钙、磷等矿物质和多种维生素。不仅味道鲜美而且营养价值高，我国南北各地都非常喜食。并且种植过程中根部能形成根瘤，是根瘤菌与根系共生所致，可从空气中吸收游离氮，合成植物可利用的氮素物质，是为数不多有固氮能力的蔬菜作物，是茄果类、瓜类、叶菜类、根茎类等诸多种类蔬菜很好的轮作倒茬作物。由于根系比较发达，有较好的耐旱能力，同时又是节水的蔬菜作物。

一　菜豆

菜豆，又称四季豆、芸豆、茬豆、春分豆，豆科菜豆属一年生蔬菜，起源于美洲中部和南部，16 世纪传入我国，全国各地普遍栽培。菜豆主要以嫩荚为食，其营养价值高、肉质脆嫩、味道鲜美，深受消费者的喜爱。

四季豆

四季豆（生长中）

（一）品种选择

选用熟期适宜、丰产性好、生长势强、优质、综合抗性好的品种，如 2504 架豆、绿龙菜豆、烟芸 3 号、双丰 1 号、泰国架豆王等。

（二）种子处理

选择籽粒饱满、有光泽的新种子，剔去有病斑、虫伤、霉烂、机械混杂或已发芽种。选晴天中午暴晒种子 2 ~ 3 天，进行日光消毒和促进种子后熟，提高发芽势，使发芽整齐。

（三）培育壮苗

春茬菜豆的适宜苗龄为 25～30 天，需在温室内育苗。用充分腐熟的大田土作为营养土（土中忌掺农家肥和化肥，否则易烂种）。播种前先将菜豆种子晾晒 2 天，用福尔马林 300 倍液浸种 4 小时用清水冲洗干净。然后将种子播于 7cm×7cm 的营养钵中，每钵播 3 粒，覆土 2cm，最后盖膜增温保湿。出苗前不通风，白天气温保持 18～25℃，夜间在 13～15℃；出苗后，日温降至 15～20℃，夜温降至 10～15℃。第 1 片真叶展开后应提高温度，日温 20～25℃，夜温 15～18℃，以促进根、叶生长和花芽分化。定植前 4～6 天逐渐降温炼苗，日温 15～20℃，夜温 10℃左右。菜豆幼苗较耐旱，在底水充足的前提下，定植前一般不再浇水。苗期尽可能改善光照条件，防止光照不足引起徒长。幼苗 3～4 片叶时即可定植。

（四）整地定植

选择土层深厚、排水通气良好的沙壤土地块栽培。定植前结合精细整地施入充分腐熟的有机肥每亩 4 000～5 000kg、三元复合肥或磷酸二铵每亩 30～40kg 做基肥。

定植一般在 3 月中旬前后，苗龄 30 天左右，采用高垄地膜覆盖法，垄高 20～23cm，大行距 60～70cm，小行距 45～50cm，穴距 28～30cm，每穴双株，栽 4 000～6 000 株／亩。

（五）定植后的管理

定植后闭棚升温，日温保持在 25～30℃，夜温保持在 20～25℃。缓苗后，日温降至 20～25℃，夜温保持在 15℃。前期注意保温。3 月后外界温度升高，注意通风降温。进入开花期，日温保持在 22～25℃，有利于坐荚。当棚外最低温度达 23℃以上时昼夜通风。

菜豆苗期根瘤固氮能力差，管理上应施肥养蔓，及时搭架引蔓，防止相互缠绕，可在缓苗后追施尿素每亩 15kg，以利根系生长和叶面积扩大。开花结荚前，要适当蹲苗控制浇水，一般"浇荚不浇花"，否则易引起落花落荚。当第 1 花序嫩荚坐住长到半大时，结合浇第 1 次水冲施三元复合肥每亩 10～15kg，以后每采收 1 次追肥 1 次，浇水后注意通风排湿。

结荚后期，及时剪除老蔓和病叶，以改善通风透光条件，促进侧枝再生和潜伏芽开花结荚。

（六）采收

菜豆开花后 10～15 天，可达到食用成熟度。采收标准为豆荚由细变粗，荚大而嫩，豆粒略显。结荚盛期，每 2～3 天可采收 1 次。用拧摘法或剪摘法及时采收，采收时要注意保护花序和幼荚，采大留小。采收过迟，容易引起植株早衰。

二　豇豆

豇豆又名豆角、长豆角、带豆等，原产非洲热带草原地区，是夏秋淡季的主要蔬菜之一。

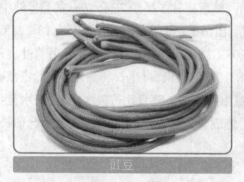

豇豆

豇豆（生长中）

（一）整地播种

结合整地，每亩施入充分腐熟的有机肥 4m³ 左右。然后做成宽 1.3m 的低畦或 65 ~ 75cm 的垄畦。

（二）播种

春季宜在地温 10 ~ 12℃以上时播种。直播，一般行距 60 ~ 75cm，株距 25 ~ 30cm，每穴播 3 ~ 4 粒。播种深度约 3cm。每亩用种 3 ~ 4kg。

（三）育苗与定植

豇豆育苗移栽可提早采收，增加产量。为保护根系，用直径约 8cm 的纸筒或营养钵育苗，每钵播 3 ~ 4 粒，播后覆塑料小拱棚，出土后至移植前，保持 20 ~ 25℃，床内保持湿润而不过湿。苗龄 15 ~ 20 天，2 ~ 3 片复叶时定植。行距 60 ~ 80cm，株距 25 ~ 30cm，每穴 2 ~ 3 株，夏秋可留 3 ~ 4 株。矮生种可比蔓生种较密些。

（四）搭架摘心

当植株生长有 5 ~ 6 片叶时搭"人"字形架引蔓上架。第一花序以下的侧枝彻底去除。生长中后期，对中上部侧枝留 2 ~ 3 片叶摘心。主蔓 2m 以后及时摘心打顶，以使结荚集中，促进下部侧花芽形成。

摘心、引蔓宜在晴天中午或下午进行，便于伤口愈合和避免折断。

（五）肥水管理

开花结荚前，控制肥水，防徒长。当第一花序开花坐果，其后几节花序显现时，浇足头水。中下部豆荚伸长，中上部花序出现后，浇二水。以后保持地面湿润。

追肥结合浇水进行，隔一水一肥。7 月中下旬出现伏歇现象时适当增加肥水，促侧枝萌发，形成侧花芽，并使原花序上的副花芽开花结荚。

（六）采收

开花后 15 ~ 20 天，豆荚饱满，种子刚显露时采收。第一个荚果宜早采。采收时，按住豆荚基部，轻轻向左右转动，然后摘下，避免碰伤其他花序。

三　豌豆

豌豆是豆科豌豆属一年生或二年生攀缘性草本植物，别名荷兰豆、回回豆、青斑豆、麻豆、金豆等。全国各地都有栽培。

豌豆每 100g 嫩荚含水 70.1 ~ 78.3g、碳水化合物 14.4 ~ 29.8g、蛋白质 4.4 ~ 10.3g、脂肪 0.1 ~ 0.6g、胡萝卜素 0.15 ~ 0.33mg，还含有人体必需的氨基酸。豌豆的嫩荚、嫩豆可炒食，嫩豆又是制罐头和速冻蔬菜的主要原料。

豌豆

豌豆（生长中）

（一）栽培制度与栽培季节

东北大部分地区仅能春、夏播种，夏、秋收获。也可利用日光温室或塑料拱棚进行豌豆春提前、秋延后栽培和冬茬栽培。

豌豆忌连作，应实行 4 ~ 5 年甚至 8 年的轮作。保护地栽培多和番茄、辣椒套作，特别是在黄瓜后期套作，待黄瓜拉秧后即上架栽培。

（二）菜用豌豆的露地栽培技术

1.整地和施肥

豌豆的根系分布较深，须根多，因此，宜选择土质疏松、有机质丰富的酸性小的沙质土或沙壤土，酸性大的田块要增施石灰，要求田块排灌方便，能干能湿。

豌豆主根发育早而快，故在整地和施基肥时应特别强调精细整地和早施肥，这样才能保证苗齐苗壮。北方春播宜在秋耕时施基肥，一般施复合肥 450kg/hm^2 或饼肥 600kg/hm^2、磷肥 300kg/hm^2、钾肥 150kg/hm^2。北方多用平畦，低洼多湿地可做成高垄栽培。

2.播种

人工选择粒大饱满、均匀、无病斑、无虫蛀、无霉变的优质种子，播前翻晒 1 ~ 2 天。

并进行种子处理,方法有两种:一是低温处理。即先浸种,用水量为种子容积量的一半,浸泡2小时,并上下翻动,使种子充分均匀湿润,种皮发胀后取出,每隔2小时再用清水浇一次。经过20小时,种子开始萌动,胚芽外露,然后在0～2℃低温下处理10天,取出后便可播种。试验证明,低温处理过的种子比对照结荚节位降低2～4个,采收期提前6～8天,产量略有增加。二是根瘤菌拌种处理。即用根瘤菌225～300g/hm^2,加少量水与种子充分拌匀即可播种。条播或穴播。一般行距20～30cm、株距3～6cm或穴距8～10cm,每穴两三粒。用种量10～15kg/亩。株型较大的品种一般行距50～60cm,穴距20～23cm,每穴两三粒,用种量4～5kg/亩。播种后踩实,以利种子与土壤充分接触吸水并保墒,盖土厚度4～6cm。

(三)田间管理

1.肥水管理

豌豆有根瘤菌固氮,对氮素的要求不高。为了多分枝、多结荚夺取高产,除施基肥外,还应适时适量施好苗肥和花荚肥。前期若要采摘部分嫩梢上市,基肥中应增加氮肥用量,促进茎叶繁茂,减少后期结荚缺肥的影响。现蕾开花前浇小水,并追施速效性氮肥,促进茎叶生长和分枝,并可防止花期干旱。开花期不浇水,中耕保墒防止发生徒长。待基部荚果已坐住,开始浇水,并追施磷、钾肥,以利增加花数、荚数和种子粒数。结荚盛期保持土壤湿润,促进荚果发育。待荚果数目稳定,植株生长减缓时,减少水量,防止倒伏。大风天气不浇水,防止倒伏。蔓生品种,生长期较长,一般应在采收期间再追施一次氮、钾肥,以防止早衰,延长采收期,提高产量。

豌豆对微量元素钼需要量较多,开花结荚期间可用0.2%钼酸铵进行根外喷施2～3次,可有效提高产量和品质。

2.中耕培土

豌豆出苗后,应及时中耕,第一次中耕培土在播种后25～30天进行,第二次在播后50天左右进行,台风暴雨后及时进行松土,防止土壤板结,改善土壤通气性,促进根瘤菌生长。前期松土可适当深锄,后期以浅锄为主,注意不要损伤根系。

3.搭棚架

蔓生性的品种,在株高30cm以上时,就生出卷须,要及时搭架。半蔓生性的品种,在始花期有条件的最好也搭简易支架,防止大风暴雨后倒伏。

4.栽培中易出现的问题与对策

豌豆易发生落花落荚问题,其原因与植株密度过大、肥水过多、营养生长过旺、开花期空气干热、遇热风或大风天气、开花期土壤干旱或渍水等因素有关,应选用优良品种,适时早播,并加强肥水管理工作,保证营养生长和生殖生长的平衡,以减轻落花、落荚。

（四）大棚栽培技术

豌豆大棚秋、冬栽培是继大棚春提早拉秧后，利用豌豆幼苗期适应性强的特点，而在炎夏育苗移栽，到中后期适于豌豆的结果期而达到栽培目的，对解决秋淡季的蔬菜供应能起到一定的作用。

1. 育苗定植

在北方地区，大棚内前作拉秧后进行耕翻。施 37 500 ~ 45 000kg/hm² 厩肥、300 ~ 375kg/hm² 过磷酸钙，全面撒施后，按照春、夏栽培方法整地、定植。

2. 水肥管理与中耕、培土

播种出苗后或秧苗定植后，到豌豆显蕾以前，要严格控制水肥，防止幼苗期徒长，是决定秋、冬豌豆丰产的关键环节之一。因为这个时期正值北方雨季，虽然大棚内无雨，但往往因通风口大或棚布漏雨和前作灌水多，使棚内湿度大，加之温度偏高，容易造成植株徒长，侧枝分化多，结荚部位上升，最终延迟采收，大大降低产量。所以除不灌水肥外，要加强中耕和培土。一般每隔 7 ~ 10 天就要进行一次中耕松土，到抽蔓时就应搭架。8 月中旬以后，气候转凉，同时花已结荚，可以开始施肥灌水，每隔 10 ~ 15 天一次。至 10 月上旬以后，气温降低，可停止施肥。

3. 温度管理

8 月上旬以前要大通风，要将棚布四周和天窗开大些；8 月中旬以后夜温至 15℃ 以下，就应将通风口缩小。9 月中旬以后就只通天窗。这段时间白天和夜间一般能保持适温，也正是结果盛期。10 月中旬以后，只能在中午进行适当通风；到 10 月下旬，一般不通风，更要注意保温防寒。北方地区在不加温的大棚内，豌豆生长可维持到 11 月中下旬。

4. 大棚豌豆的收获

大棚豌豆栽培的目的是收获豆粒或嫩荚，只要豆荚充分肥大即可采收。但豌豆的豆荚是自下而上相继成熟的，必须分期及时采收，过早过晚都影响品质。一般硬荚种，最适收获期为开花后 13 ~ 15 天，荚仍为深绿色或开始变为浅绿色，以豆粒长到充分饱满为准。软荚豌豆以食嫩荚为主，一般在开花后 7 ~ 10 天即可采收，荚已充分肥大，而籽粒尚未发达时为宜。

（五）除草

旱地豌豆的主要杂草是野燕麦，一般株数在 225 万 ~ 375 万株 /hm²，使豌豆减产 30% 以上。为保高产，一般采用两种方式除草。一是在播种前进行药剂土壤处理，用燕麦畏 3 750ml/hm²，兑水 600kg 进行喷雾，然后耙地播种，将野燕麦消灭在出土前，防止土壤养分的消耗。二是当野燕麦生长到 2~3 叶时,用 10.8% 高效盖草能乳油,兑水 450kg 进行叶面喷雾,防效均达 95% 以上。

(六) 病虫害防治

1.病害防治

白粉病 豌豆上最重要的一种病害。病重时,叶的正面和背面覆盖一层白色粉状物,受害较重的叶片迅速枯黄脱落,豆荚早熟或畸形,种子干瘪,产量降低。防治:避免重茬和在低洼地上种豌豆,合理密植,加强田间管理。

豌豆锈病 主要为害叶片,严重时叶柄和豆荚也受害。病株茎叶上有圆形褐色小斑点,叶片早落,豆类的食用价值大减。低洼潮湿地块发病重,迟播、迟熟的豌豆发病也重。防治:实行 3~4 年轮作,清除病株,深耕灭茬,减少病源。发病初期喷 50% 萎锈灵乳油 800~1 000 倍液,或 50% 多菌灵可湿性粉剂 800~1 000 倍液,7~10 天喷 1 次,共喷 2~3 次。

2.虫害防治

豌豆象 仅为害豌豆,可随豌豆调运而长距离传播。幼虫蛀食豆粒,将豆粒中心部吃成空洞,影响发芽和品质,降低出粉率,并有异味,难以食用。防治:选用早熟品种,使豌豆的开花期避开成虫的产卵期以减轻为害。在豌豆的盛花期喷洒 50% 马拉硫磷乳油或 90% 晶体敌百虫各 1 000 倍液,或 2.5% 敌杀死乳油 5 000 倍液。

潜叶蝇 豌豆上的一种主要害虫。主要为害豌豆叶,严重时全叶枯萎。豌豆苗受害后失去食用价值。成虫常在其嫩荚上产卵,造成大量斑荚,明显降低产品的商品合格率。防治:清除有虫植株、叶片和杂草。叶片上出现虫道时喷菊杀乳油 2 000~3 000 倍液,或 90% 晶体敌百虫和辛硫磷乳油各 1 000 倍液。

(七) 收获

一般在 7 月初开始,当豌豆植株茎叶和荚果绝大部分转黄,茎梢枯干时,应及时收获,防止炸荚落粒。

第六节 葱蒜类蔬菜栽培技术

葱蒜类蔬菜属于百合科葱属的二年生或多年生草本植物,并具有一种特殊的气味,其种类繁多,主要有韭菜、洋葱、大葱、大蒜、分葱、韭葱、薤等,我国栽培的主要有韭菜、葱、大蒜、洋葱、韭葱等。北方栽培大葱较多,南方则以各种分葱栽培较多,至于韭菜、大蒜南北方各地都普遍栽培。

葱蒜类蔬菜根系浅,为草质不定根,吸肥力弱,但对养分需求量较高,适宜在富含有机质,疏松透气,保水保肥性能好的土地种植。对养分的需求一般以氮为主,其次是钾,需磷相对较少。为获得高产必须大量增施有机肥,施足基肥并增加追肥次数。这类蔬菜对养分的需求量以大蒜最高,其次是大葱、洋葱、韭菜。

一　大葱

大葱为百合科葱属二年生,以假茎和嫩叶为产品的草本植物,在我国的栽培历史悠久,山东省、河南省、河北省、陕西省、辽宁省、北京市、天津市是大葱的集中产区,出现很多著名的大葱品种,如山东的章丘大葱等。大葱抗寒耐热,适应性强,高产耐储,可周年均衡供应。

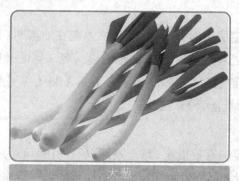

大葱　　　　　　　　大葱(生长中)

(一)播种育苗

苗床宜选择土质疏松、有机质丰富的沙壤土,每亩施入腐熟农家肥4 000～5 000kg、过磷酸钙50kg,将整好的地做成85～100cm宽、600cm长的畦,育苗面积与大田栽植面积的比例一般为1:(8～10)。大葱播种一般可分平播(撒播)和条播(沟播)两种方式,撒播较普遍。采用当年新籽,每亩播种量3～4kg。苗期管理主要有间苗、除草、中耕、施肥和浇水。苗期追肥一般结合灌水进行,秋播育苗的,越冬前应控制水肥,结合灌冻水追肥,越冬期间结合保温防寒可覆盖粪土。返青后结合灌水追肥2～3次,每次每亩施尿素10～15kg。春播苗从4月下旬开始第一次浇水施肥,到6月上旬要停止浇水施肥,进行蹲苗、炼苗,使葱叶纤维增加,增强抗风、抗病能力。于栽植前10天施肥浇水,此次施肥为移栽返青打下良好基础,因此也称这次肥为"送嫁"肥。当株高30～40cm,假茎粗1～1.5cm时,即可定植。

(二)整地做畦,合理密植

每亩施入腐熟农家肥2 500～5 000kg,耕翻整平后开定植沟,沟内再集中施优质有机肥2 500～5 000kg,短葱白品种适于窄行浅沟,长葱白品种适于宽行深沟。合理密植是获得大葱高产、优质的重要措施。一般长葱白型大葱每亩栽植18 000～23 000株,株距一般在4～6cm为宜;短葱白型品种栽植,每亩栽植20 000～30 000株。

（三）田间管理

田间管理的中心是促根、壮棵和促进葱白形成，具体措施是培土软化和加强肥水管理。

1.灌水

定植后进入炎夏，恢复生长缓慢，植株处于半休眠状态，此时管理重心是促根，应控制浇水；天气转凉后，生长量增加，对水分需求多，灌水应掌握勤浇、重浇的原则，每隔 4 ~ 6 天浇一次水；进入假茎充实期，植株生长缓慢，需水量减少，此时保持土壤湿润；收获前 5 ~ 7 天停止浇水，以利收获和储藏。

2.追肥

在施足基肥的基础上还应分期追肥。追肥一般分 3 次，第 1 次追肥在幼苗期，亩施纯氮 3 ~ 4kg（尿素 7 ~ 10kg）。第 2 次追肥在幼苗后期退母前，亩施纯氮 3 ~ 4kg（尿素 7 ~ 10kg）。第 3 次追肥在蒜薹收获后，亩施纯氮 5 ~ 6kg（尿素 11 ~ 15kg），氧化钾 5 ~ 7.5kg（硫酸钾 10 ~ 15kg）或含量相当的复合肥 15 ~ 20kg。

3.培土

大葱培土是软化其叶鞘，增加葱白长度的有效措施，培土高度以不埋住葱心为标准。在此前提下，培土越高，葱白越长，产量和品质也越好。培土时期是从天气转凉开始至收获，一般培土 3 ~ 4 次。

（四）收获

大葱的收获应根据不同栽植季节和市场供应方式而定，秋播苗早植的大葱，一般以鲜葱供应市场，收获期在 9—10 月。春播苗栽植大葱，鲜葱供应在 10 月上旬收获，干储越冬葱在 10 月中旬至 11 月上旬收获。

二　洋葱

洋葱又名球葱、圆葱、玉葱、葱头，为百合科葱属二年生草本蔬菜植物。洋葱在我国分布很广，南北各地均有栽培，而且种植面积还在不断扩大，是目前我国主栽蔬菜之一。

洋葱

洋葱（生长中）

（一）栽培季节

应根据当地的气候条件和栽培经验而定,江苏省、山东省及周边地区以9月上中旬播种为宜。晚熟品种可适当推迟4~5天。

（二）品种选择

所用品种应根据气候环境条件与栽培习惯进行选择。我国洋葱的主要出口国是日本,出口洋葱采用的品种一般由外商直接提供,现在在日本市场深受欢迎的品种有金红叶、红叶三号、地球等。徐淮地区主要栽培品种有港葱系列、红叶三号、地球等。

（三）播种育苗

栽培地应选在地力较好、地势平坦、水资源较好的地区。

育苗畦宽1.7m,长30m,播种前每畦施腐熟农家肥200kg,用30ml 50%辛硫磷乳油加0.5kg麸皮,拌匀后撒在农家肥上防治地下害虫。再翻地,将畦整平、踏实,灌足底水,水渗后播种,每亩大田需种子120~150g,播后覆土1cm左右,然后加覆盖物遮阴保墒。苗齐后浇1次水,以后尽量少浇水。苗期可根据苗情适当追肥1~2次,并进行人工除草,定植前半个月适当控水,促进根系生长。

（四）定植

整地施肥与做畦　整地时要深耕,耕翻的深度不应少于20cm,地块要平整,便于灌溉而不积水,整地要精细。中等肥力田块每亩施优质腐熟有机肥2t、磷酸二铵或三元复合肥40~50kg做底肥。栽植方式宜采用平畦,一般畦宽0.9~1.2m(视地膜宽度而定),沟宽0.4m,便于操作。

覆膜　覆膜可提高地温,增加产量,覆膜前灌水,水渗下后每亩喷施田补除草剂150ml。覆膜后定植前按16cm×16cm或17cm×17cm株行距打孔。

选苗　选择苗龄50~60天,直径5~8mm,株高20cm,有3~4片真叶的壮苗定植。苗径小于5mm时易受冻害,苗径大于9mm时易通过春化引发先期抽薹,同时将苗根剪短到2cm长准备定植。

定植　适宜定植期为霜降至立冬。定植时应先分级,先定植标准大苗,后定植小苗,定植深浅度要适宜,定植深度以不埋心叶、不倒苗为度,过深鳞茎易形成纺锤形,且产量低,过浅又易倒伏,以埋住苗基部1~2cm为宜。一般苗定植2.2万~2.6万株,栽后再灌足水,浇水以不倒苗、畦面不积水为好。水渗下后查苗补苗,保证苗全苗齐。

（五）定植后管理

适时浇水　定植后的土壤相对湿度应保持在60%~80%,低于60%则需浇水。浇水追肥还应视苗情、地力而定,肥水管理应掌握"年前控,年后促"的原则,一般应"小水勤灌"。冬前管理简单,让其自然越冬。在土壤封冻前浇1次封冻水,次年返青时及时浇返青水,促其早发。鳞茎膨大期浇水次数要增加,一般 6~8 天浇 1 次,地面保持见干见湿为准,便于鳞茎膨大。收获前 8~10 天停止浇水,有利于储藏。

巧追肥　生长期内除施足基肥外,还要进行追肥,以保证幼苗生长。

①返青期:随浇水追施速效氮肥,促苗早发,每亩追尿素 15kg、硫酸钾 20kg,或追 48% 三元复合肥 30kg。

②植株旺盛生长期:洋葱 6 叶 1 心时即进入旺盛生长期,此时需肥量较大,每亩施尿素 20kg,加 45% 氮磷钾复合肥 20kg,可以满足洋葱旺盛生长期对养分的需求。

③鳞茎膨大期:洋葱地上部分达到 9 片叶时即进入鳞茎膨大期,植株不再增高,叶片同化物向鳞茎转移,鳞茎迅速膨大,此期又是一个需肥高峰,特别是对磷、钾肥的需求明显增加。实践证明,每亩施 45% 氮磷钾复合肥 30kg,可保证鳞茎的正常膨大。

(六)虫害防治

洋葱的主要病害是霜霉病和灰霉病,因此必须选择抗病品种,并在发病后及时做好防治工作。霜霉病发生后,选用 75% 百菌清润湿粉进行喷雾,选用 35% 多菌灵润湿性粉剂喷雾,均匀用药,可起到很好的防治效果。

(七)收获

当田间 2/3 的洋葱叶片变黄时,植株开始脱落,鳞茎的外部鳞片变干,表明洋葱已成熟,应及时采收。

三　大蒜

大蒜别名蒜、胡蒜。属百合科葱中以鳞芽构成鳞茎的栽培种,一年生蔬菜。以其蒜头、蒜薹、蒜黄、嫩叶(青蒜或称蒜苗)为主要产品供食用。

大蒜

菁蒜苗

(一)栽培季节与茬口安排

适宜的栽培季节确定,是获得蒜薹和蒜头双丰收的重要措施,栽培季节要根据大蒜不同生育期对外界条件的要求以及各地区的气候条件来定。

大蒜可春播或秋播,在北纬 38° 以北地区,冬季严寒,幼苗露地越冬困难宜春播;

北纬35°~38°地区，可根据当地气温及覆盖栽培与否，确定春播还是秋播。一般在冬季月平均温度低于－5℃的地区，以春播为主。春播宜早，一般在日平均温度达3~6℃时，土壤表层解冻，可以操作，即应播种。

秋季播种大蒜，幼苗有较长的生长期。与春播大蒜相比，秋播延长了幼苗生育期，蒜头和蒜薹产量都较高。因此，凡幼苗能露地安全越冬的地区和品种，都应进行秋播。在秋播地区，适宜播种的日均温度为20~22℃，应使幼苗在越冬前长有4~5片叶，以利幼苗安全越冬。一般华北地区的播种期在9月中下旬，秋播不可过早，否则植株易衰老，蒜头开始肥大后不久，植株枯黄，产量下降；亦不可过迟，否则蒜苗生长期短，冬前幼苗小，抗寒力弱，不能安全越冬，而且由于生长期短，影响蒜头产量。

大蒜忌与葱、韭菜等百合科作物连作，应与非葱蒜类蔬菜轮作3~4年。春播大蒜多以白菜、秋番茄和黄瓜等蔬菜为前茬，冬季休闲后播种。秋播大蒜，以豆类、瓜类、茄果类、马铃薯、玉米和水稻等作物为前茬。

（二）品种选择

大蒜多选用薹、蒜两用品种，根据各地的生态条件，选择适宜的生态型品种，宜选用抗病虫、高产、优质、耐热、抗寒的品种。

（三）整地施肥

大蒜的根吸水肥能力较弱，故要选择土壤疏松、排水良好、有机质含量丰富的田块，要求精细整地、深耕细耙、施足底肥、整平畦面。秋播地一般深耕15~20cm，结合深耕施腐熟、细碎的有机肥，并配施磷、钾肥后，及时翻耕，耙平做畦，畦宽1.3~1.7m，畦长以能均匀灌水为度，挖好排水沟。在整地做畦时，地表面一定要土细、平整、松软，不能有大土块和坑洼。

（四）选种及种瓣处理

大蒜属无性繁殖蔬菜，其播种材料是蒜瓣。播种前选种是取得优质、高产的重要环节之一。播前进行选头选瓣，应选择蒜头圆整，蒜瓣肥大，色泽洁白，顶芽肥壮，无病斑、无伤口的蒜瓣做种。种蒜大小对产量影响很大，大瓣种蒜储藏养分多，发根多，根系粗壮且幼芽粗，鳞芽分化早，生产出的新蒜头大瓣比例高，蒜头重，蒜薹、蒜头产量高，种蒜效益也可以提高。但种瓣并不是越大越好，选瓣时应按大（5g以上）、中（4g）、小（3g以下）分级，分畦播种，分别管理，应选用大、中瓣作为蒜薹和蒜头的播种材料，过小的不用。选瓣时去除蒜蹲（即干缩茎盘）。

（五）播种

大蒜株形直立，叶面积小，适于密植。蒜薹和蒜头的产量是由每亩株数，单株蒜瓣数和薹重、瓣重三者构成的，合理的播种密度是大蒜优质高产的关键。密度的大小与品种特点、种瓣大小、播期早晚、壤肥力、肥水条件及栽培目的等多种因素有关。在一定密度范围内，加大密度可提高单位面积蒜头、蒜薹的产量，超过一定密度范围后，随着密度的增加，蒜头会减小，小蒜瓣比例增多，蒜薹变细，商品质量下降。

大蒜播种的最适时期是使植株在越冬前长到5~6片叶。此时植株抗寒力最强，在严寒冬季不致被冻死，并为植株顺利通过春化打下良好基础。大蒜播种方法有两种：一种是插种，即将种瓣插入土中，播后覆土，踏实。另一种是开沟播种，即用锄头开一浅沟，将种瓣点播土中。开好一条沟后，同时开出的土覆在前一行种瓣上。播后覆土厚度2cm左右，用脚轻轻踏实，浇透水。播种密度行距20~23cm，株距10~12cm。沟的深度以3~5cm为宜，不能过深或过浅。

大蒜播种深浅与覆土的厚薄和植株生长发育、蒜头产量有密切关系，一般深2~3cm。播种过深，出苗迟，假茎过长，根系吸水肥多，生长过旺，蒜头形成受到土壤挤压难于膨大；播种过浅，种瓣覆土浅，出苗时容易跳瓣，幼苗期容易根际缺水，根系发育差，越冬时易受冻死亡，而且蒜头容易露出地面，受到阳光照射，蒜皮容易粗糙，组织变硬、颜色变绿，降低蒜头的品质。

（六）田间管理

大蒜播种后的田间管理，要以不同生育期而定。

春播大蒜萌芽期，若土壤湿润，一般不浇水，以免降低地温和土壤板结，影响出苗。秋播大蒜根据墒情决定浇水与否，若墒情不好，播后可浇1次透水，土壤板结前再浇1次小水促出苗，然后中耕疏松表土。

春播大蒜出苗后要少灌水，以中耕保墒、提高地温为主，一般于退母前开始灌水追肥。秋播大蒜出苗后冬前控水，以中耕为主，促进扎根。4~5片叶时结合浇水追施尿素。封冻前适时浇冻水，北方寒冷地区还需要盖草防冻，保证幼苗安全越冬。立春后，当气温稳定在1~2℃以上时要及时逐渐清除覆草，然后浅中耕，浇返青水并追肥，每次浇水后及时中耕保墒。

蒜薹伸长期是大蒜植株旺盛生长期，也是水肥管理的主要时期，应保持土壤湿润，当基部的1~4片叶开始出现黄尖时及时浇1次水，并适当追肥，使植株及时得到营养补给，促进蒜薹和鳞芽的生长。一般4~5天灌水1次，保持地面湿润。于露苞时结合灌水追肥1次，大水大肥促薹、促芽、催秧，使假茎上下粗度一致，采薹前3~4天停止浇水，以免脆嫩断薹。

采薹后大蒜叶的生长基本停止，其功能持续2周后开始枯黄脱落，根系也逐渐失去吸收功能，要及时补充土壤水分，并追施1次催头肥，延长叶、根寿命，防止植株早衰，促进鳞茎充分膨大。以后每隔3~5天浇1次水，收蒜头前1周停水，以防湿度过大造成散瓣，同时有利于起蒜，提高蒜头的耐储性。

（七）适时采收

蒜薹的采收　适时采收蒜薹不仅能提高蒜薹的产量和品质，而且对提高蒜头的产量有重要作用。当蒜薹生出叶鞘口 8～15cm，上部打弯成称钩形且总苞变白时采收，质地柔嫩、产量高。收获时一般应选在晴天中午或午后较为理想，抽薹时应注意保护蒜叶，防止叶片被拔起或折断，影响蒜头膨大生长。

蒜头的采收　根据不同的用途，若收蒜头供腌渍用，可在收薹后 15 天左右收获；若收干蒜头，则在收薹后 20～25 天，植株叶片逐渐枯黄，假茎松软时收获。收获后，进行晾晒，晾晒时注意只晒秧，不晒头，防止蒜头灼伤或变绿，经常翻动，2～3 天后，待茎叶干燥，即可贮藏。

四　韭菜

韭菜，别名起阳草，原产我国，为百合科多年生宿根蔬菜。从东北到华南，普遍栽培。一次播种后，可以收割多年。除采收青韭外，还可以采收韭薹及软化栽培的韭黄。近年来韭菜设施栽培发展也很迅速，在调节淡季供应中占有重要的地位。

韭菜

韭菜（生长中）

（一）栽培季节与繁殖方式

韭菜适应性广又极耐寒，长江以南地区可周年露地栽培，长江以北地区韭菜冬季休眠，可利用各种设施进行设施栽培，供应元旦、春节及早春市场。长江流域一般春播秋栽，华南地区一般秋播次春定植。

韭菜的繁殖方式有两种：一种是用种子繁殖，直播或育苗移栽；另一种是分株繁殖，但生命力弱，寿命短，长期用此法，易发生种性退化现象。

（二）直播或育苗

1.播种期

从早春土壤解冻一直到秋分可随时播种，而以春播的栽培效果为最好。春播的养根时间长，并且春播时宜将发芽期和幼苗期安排在月均温在 15℃左右的月份里，有利于培育壮苗。夏至到立秋之间，炎热多雨，幼苗生长细弱，且极易滋生杂草，故不宜在此期育苗。秋播时应使幼苗在越冬前有60余天的生长期,保证幼苗具有3~4片真叶,使幼苗能安全越冬。

2.播前准备

苗床宜选在排灌方便的高燥地块。整地前施入充分腐熟的粪肥,深翻细耙,做成1.0~1.7m宽的高畦。早春用干籽播种,其他季节催芽后播种。催芽时,用20~25℃的清水浸种8~12小时,洗净后置于15~20℃的环境中,露芽后播种。

3.播种方法

播种育苗　干播时,按行距10~12cm开深2cm的浅沟,种子条播于沟内,耙平畦面,密踩一遍,浇明水。湿播时浇足底水,上底土后撒籽,播种后覆2~3cm厚的过筛细土。用种量为7.5~10g/m^2。

直播　直播的一般采用条播或穴播。按30cm间距开宽15cm、深5~7cm的沟,稍平沟底后浇水,水渗后条播,再覆土。用种量3~4.5g/m^2。

4.苗期管理

湿播出苗后,畦面干旱时浇1次小水或播后覆地膜增温保墒促出苗。干播出苗阶段应保持地面湿润。株高6cm时结合浇水追一次肥,以后保持地面湿润,株高10cm时结合浇水进行第二次追肥,株高15cm时结合浇水追第三次肥,每次追施碳酸铵150~225kg/hm^2。以后进行多次中耕,适当控水蹲苗,防倒伏烂秧。

（三）定植

春播苗于立秋前定植,秋播苗于翌春谷雨前定植。定植前结合翻耕,施入充分腐熟的粪肥75 000kg/hm^2,做成1.2~1.5m宽的低畦。定植前1~2天苗床浇起苗水,起苗时多带根抖净泥土,将幼苗按大小分级、分区栽植。

定植方法有宽垄丛植和窄行密植两种,前者适于沟栽,后者适于低畦栽。沟栽时,按30~40cm的行距、15~20cm的穴距,开深12~15cm的马蹄形定植穴(此种穴形可使韭苗均匀分布,利于分蘖),每穴栽苗20~30株。该栽苗法行距宽,便于软化培土及其他作业,适于栽培宽叶韭。低畦栽,按行距15~20cm、穴距10~15cm开马蹄形定植穴,每穴定植8~10株。由于栽植较密,不便进行培土软化,适于生产青韭。

定植深度以覆土至叶片与叶鞘交界处为宜,过深则减少分蘖,过浅易散撮。栽后立即浇水,促发根缓苗。

（四）定植当年的管理

定植当年以养根为主,不收青韭。定植后连浇2~3次水促缓苗。缓苗后中耕松土,并将定植穴培土防积水。秋分后每隔5~7天浇1次水,保持地面湿润。白露后结合浇水每10天左右追1次肥,每次用碳酸铵225kg/hm^2。寒露后减少浇水,保持地面见干见湿,浇水过多会使植株贪青,叶中养分不能及时回根而降低抗寒力。立冬以后,根系活动基本停止,叶片经过几次霜冻枯黄凋萎,被迫进入休眠。上冻前应浇足稀粪水。

第七节 根菜类蔬菜栽培技术

根菜类蔬菜指以肥大的肉质直根为食用器官的蔬菜。包括十字花科的(萝卜、根用芥菜、芜菁、芜菁甘蓝、辣根)、伞形科的(胡萝卜、根芹菜、美国防风)、菊科的(牛蒡、菊牛蒡、婆罗门参)、藜科的(根菾菜)等。根菜类蔬菜的肉质根属于变态器官,具有贮藏养分的功能,营养丰富,食法多样,并较耐贮藏,还可制成各种加工制品,是我国重要蔬菜之一。

根菜类蔬菜为深根性植物,并以肉质根为产品,适宜在土层深厚、肥沃疏松、排水良好的沙壤土栽培;生产上多用种子直播,不耐移植;多为耐寒性或半耐寒性二年生蔬菜,在低温下通过春化阶段,在长日照下通过光照阶段;均属于异花授粉植物,采种时需严格隔离;同科的根菜有共同的病虫害,不宜连作。

一 萝卜

萝卜有很多优良品种,各品种的栽培、用途和对环境条件的适应性都有差异,故利用品种的特性,选择适宜的品种,进行多季节栽培,可高产优质和全年供应。长江中下游地区依播种生长季节分为秋季栽培、夏季栽培和春季栽培,其中以秋季栽培为主。近年由于生食萝卜需求增加,春、夏萝卜的栽培面积有所扩大。

萝卜

萝卜(生长中)

(一)秋季栽培技术(秋萝卜)

1.品种

秋萝卜可分为早秋萝卜和晚秋萝卜。早秋萝卜多选用生长期短、上市早的圆萝卜,如宁波圆白、昆山圆白,还有一点红萝卜、红妃樱桃萝卜、成都满身红萝卜、弯腰青水果萝卜、露头青萝卜等。晚秋萝卜严冬前采收的品种有美浓早生大根、白玉春、秋成2号大根、浙大长、夏美浓 3 号、夏美浓 4 号、天春大根等。露地越冬宜选用肉质根全埋或微露土面的品种,如太湖晚长白、杭州迟花萝卜、上海筒子萝卜等。

2.选地

萝卜品种有长根型和短根型之分,长根型品种选择土层深厚、土质疏松的沙壤土或沙土,肉质根全部或大部深埋于土中的品种,选地要求更高。短根型品种不如长根型品种要求严格。萝卜不宜连作,应尽量避免与十字花科蔬菜连茬种植。

3.整地

播种前数天进行深耕晒垡。每亩施腐熟有机肥 2 000 ~ 2 500kg、过磷酸钙 20 ~ 30kg、硫酸钾 30 ~ 40kg 做基肥。复耕 1 ~ 2 次后做高畦,畦宽连沟 1.8m。畦长保持15m 左右,超过 15 ~ 20m 的要增加横沟(俗称腰沟),横沟深度应超过畦沟,并与排水沟相通。

4.播种

圆根型品种多行条播,行距 30 ~ 40cm,株距 20cm,每亩用种量 300 ~ 400g;樱桃萝卜一般采用撒播,每亩用种量 800 ~ 1 000g。长根型品种多行点播,行距 40 ~ 50cm,株距 30 ~ 40cm,每穴播种子 1 ~ 2 粒,每亩用种量 200 ~ 300g。播种时如土壤水分不足,播前先浇水,或播后轻浇水。播种后盖土厚度约 2cm。覆土过浅,土壤易干,且出苗后易倒伏,造成胚轴弯曲、根形不直;覆土过深,影响出苗的速度,还影响肉质根的长度和颜色。

5.管理

出苗后间苗要及时,一般进行 2 次,2 片真叶时第一次间苗,在 4 ~ 5 片真叶时第2 次间苗,同时结合定苗。萝卜施肥以基肥为主,追肥宜早,第一次间苗后追施一次氮肥,定苗后再施一次,以后不再追肥,以免引起叶丛徒长,影响肉质根的膨大。萝卜叶面积大而根系弱,抗旱力较差,需适时适量供给水分。如遇干旱要及时浇水,保持土壤湿润。生长前期缺水,叶片不能充分长大,产量低,需要少水勤浇;叶片生长盛期,不干不浇,地发白才浇,但水量较之前要多;根部生长盛期应充分均匀供水,保持土壤湿度为 70% ~ 80%;根部生长后期仍应适当浇水,防止出现空心;肉质根膨大盛期,空气湿度为 80% ~ 90%,则品质优良。秋萝卜要进行中耕除草,间苗、定苗时各进行一次,同时结合清沟进行培土。

6.采收

早秋萝卜播种后 50 ~ 60 天采收,可达到一定产量又保持其良好品质。收获期不宜过迟,否则会出现空心。晚秋萝卜等根部大部露在地上的品种,都要在霜冻前及时采收;而根部全部在土中的迟熟品种,要尽可能延迟收获,以提高产量。需要储藏的萝卜,在土壤封冻前采收,以防止储藏中形成空心。萝卜采收后即上市的,可切除叶丛。如需储藏的,可留一小段叶柄,防止肉质根受伤腐烂。

(二)夏秋栽培技术(夏秋萝卜)

1.品种选择

夏秋萝卜品种如选用不当,会影响产量。夏秋期间温度高,病虫为害多,所以宜选用耐热、抗病的品种。如热抗 40、夏长白 2 号、南京五月红、四季满身红、天春大根等品种。

2.整地做畦

选择前茬非十字花科作物,地势高爽,排灌两便的沙壤土或壤土为宜。高畦栽培,三沟配套,夏季栽培品种生育期较短,每亩施腐熟有机肥 2 000kg,25% 蔬菜专用复合肥 20kg,撒施均匀后进行旋耕,做畦同秋季栽培。

3.播种

夏萝卜一般在 5—6 月播种,采取条播,行株距均为 20～30cm。

4.管理

夏季栽培为防暴雨冲刷,可采取搭小拱棚或适当遮阳网覆盖栽培,田间干旱需及时浇水。浇水注意尽量在傍晚进行,台风暴雨要及时排干田间积水,做到雨停沟干。其他管理措施同秋季栽培。

5.采收

一般夏季栽培品种生育期较短,60 天左右可以收获,要注意及时采收,以防糠心。

(三)春季栽培技术(春萝卜)

1.品种

春萝卜选用生长期短,冬性较强的品种,如四季萝卜类中的上海小红、一点红萝卜、特新白、南京扬花萝卜、春白、改良春玉、春大星、旱红萝卜、樱桃萝卜和天春大根等品种。

2.选地、整地

同秋季栽培。

3.播种

春萝卜播种期在 2 月中旬至 3 月下旬,冬性强的品种如上海小红于 2 月中下旬至3 月播种,扬州小红、天春大根等以 3 月播种为宜,过早,容易先期抽薹。春萝卜短根型小萝卜品种可采取撒种直播,每亩用种量 600～800g。其余品种都取条播或穴播,每亩用种量 300～400g。

4.管理

同秋季栽培。

5.采收

短根型小萝卜品种播种后 50～60 天采收。上市时可将 3～5 只萝卜连同叶片扎成一束。樱桃萝卜 20～30 天采收,8～10 只扎成一束。

（四）病虫害防治

1.病害

霜毒病、灰毒病　可以使用三乙磷酸铝稀释 600 倍或异菌脲稀释 900 倍。

黑斑病　在发病初期及时喷洒 50% 扑海因（异菌脲）可湿性粉剂 1 000～1 500 倍液,或 75% 百菌清可湿性粉剂 600 倍液。64% 噁霜锰锌（杀毒矾）可湿性粉剂 500 倍液,交替使用。每隔 7～10 天 1 次,连续喷洒 2～3 次。并严格按照农药有关安全间隔期进行。

软腐病　发病初期及时防治,用 72% 农用链霉素 3 000～4 000 倍液,或 47% 加瑞农可湿性粉剂 750 倍液、10% 新植毒素 3 000～4 000 倍液喷洒,重点喷洒病株的基部及近地表处。

2.虫害

菜青虫、小菜蛾　前期使用氧戊菊酯稀释 1 500～2 000 倍,后期可以使用 BT 稀释 400 倍。

黄曲条跳甲、蚜虫　前期结合防治菜青虫、小菜蛾,使用氧戊菊酯稀释 1 500～2 000 倍进行防治。

黑斑病　在发病初期及时喷洒 50% 扑海因（异菌脲）可湿性粉剂 1 000～1 500 倍液,或 75% 百菌清可湿性粉剂 600 倍液。64% 噁霜锰锌（杀毒矾）可湿性粉剂 500 倍液,交替使用。每隔 7～10 天 1 次,连续喷洒 2～3 次。并严格按照农药有关安全间隔期进行。

蚜虫　用 10% 吡虫啉（蚜虱净、大功臣、康福多）可湿性粉剂 2 500 倍液,或 20% 康福多悬浮剂 4 000 倍液、50% 抗蚜威可湿性粉剂 2 000～3 000 倍液喷雾。在喷雾时,喷头应向上,重点喷施叶片反面。

二　胡萝卜

胡萝卜为伞形花科一二年生草本植物,原产中亚细亚、欧洲及非洲北部地区。因栽培方法简单、病虫害少、适应性强、耐储藏而大量栽培,是冬季主要的储藏蔬菜之一。

（一）生长习性

胡萝卜一般生长在凉爽的环境内,其温度通常在 20℃左右。对于光照的要求比较大,土壤也要保持有一定的含水量,有着良好的通透性及排灌能力。要保证交通良好,不能选择使用过除草剂等有害物质的地块。当土壤的温度稳定在 10℃左右的时候便可做播种工作。播种后温度如果在15℃时,能够提高胡萝卜种子的发芽率。保持一定的昼夜温差及水分能够增强胡萝卜的品质。

胡萝卜

胡萝卜(收获中)

（二）栽培技术

1.整地

前茬作物采收后及时清园,深耕细耙,耕地时每亩施入腐熟细碎农家肥3 000～4 000kg,草木灰100～200kg,过磷酸钙10～15kg做基肥。一般做平畦,畦宽1.2～1.5m。

2.栽培季节与茬口安排

胡萝卜一般分为春、秋两季栽培,以秋季为主。少数地区有春、夏、秋三季栽培。秋胡萝卜多于7—8月播种,11—12月收获。春胡萝卜多于2月播种,5—7月收获。夏胡萝卜主要在北方或高山气温较低的地区栽培,其播种期可比秋胡萝卜提前15～20天。

3.播种

华北地区一般在7月上旬至中旬播种,11月上中旬收获。长江中下游地区于8月上旬播种,11月底收获。广东省、福建省等地于8—10月可随时播种,冬季随时收获。高纬度地区播种期可适当提早,如新疆维吾尔自治区北部地区应于6月上旬播种,10月初收获。

播种前要将胡萝卜种子放在太阳底下暴晒两天左右,再将其放入温水中浸种4小时。浸种后将其捞出用湿布包裹放在26～28℃的环境下做催芽工作。催芽过程中要适当喷水,当有70%左右的种子露白后即可播种。

（三）田间管理

1.中耕除草

中耕除草工作是在胡萝卜整个生育期内都不可缺少的一项工作。中耕能够保持土壤足够通透,促进肥水的吸收,增强胡萝卜根部的生长能力,并且还能够达到除草的目的。如果没有及时除草的话,那么对胡萝卜的生长影响是非常大的。因为胡萝卜幼苗的营养水分吸收是比较弱的,除草不及时的话,营养会全部流入杂草,导致幼苗营养不良,降低种植经济效益。

2.浇水管理

这种蔬菜是需要土壤保持水分在65%～80%的湿度就可以,同时也需要及时除草耕地。这种蔬菜在幼苗的时候,趁着土壤是湿润的,需要深锄蹲苗,这样可以帮助地下的根部快速地生长,而且还可以控制叶子长得慢一些,经过10～20天的时间,根部会明显膨大,这个时候需要充分浇水,保持土壤湿润。

3.施肥管理

在3～4个叶子的时候,是需要施一些肥料的;在蔬菜定苗之后需要配合浇水来施一些肥料,这样可以帮助果实长得更快、更壮实;最后在地面下的果实开始生长的时候也是需要施入一些肥料。这种蔬菜一般是以基肥为主,施肥是次要的。施入的基肥是需要充分腐熟的,追肥一般是在生长前期的时候进行,但是不适合多施氮肥,否则会导致叶子生长过快。

(四)预防病虫

这种蔬菜是会有很多病出现的,一般出现都是在根部出现一些腐烂的情况,所以在种植的时候也是需要预防的。而且还会有一些害虫来伤害蔬菜,这些都是需要来预防的。

(五)采收

种植3个月左右,当肉质根充分膨大后即可收获。当肉质根附近的土壤出现裂纹,心叶呈黄绿色而外围的叶子开始枯黄时,说明肉质根充分膨大了。采收前浇透水,等土壤变软时将胡萝卜拔出或用竹片等工具小心地将胡萝卜挖出。

第四章

果树栽培技术

第一节　苹果栽培技术

苹果是水果的一种，是蔷薇科苹果亚科苹果属植物，其树为落叶乔木。苹果的果实富含矿物质和维生素，是人们经常食用的水果之一。

苹果栽培

一　苹果生长环境

苹果适合生于北方，山坡梯田、平原旷野及黄土丘陵等处，海拔 50～2 500m。南北纬 35°～50° 是苹果生长的最佳环境。苹果喜欢低温干燥的环境，而且还要有一定的抗寒、抗热力，生长比较适宜的温度为 12～24℃，气温低于-12℃或者高于 30℃ 都不利于苹果生长。冬季的时候温度不能过高，避免影响苹果休眠，导致在春季的时候不能正常发芽。最适合 pH 值 6.5，中性，排水良好的土壤。一般苹果栽种后，于 2～3 年才开始结出果实。

二　选用良种

主要品种有 20 个左右。早熟品种主要有早捷、藤牧 1 号、新嘎拉、珊夏等，中晚熟品种主要有元帅系、津轻、金冠、新乔纳金等，晚熟品种主要有着色富士系、王林、澳洲青苹等。

三　苹果周年生产技术

1.萌芽期

萌芽前整地、中耕除草。全园喷 1 次杀菌剂，可选用 10% 果康宝、30% 腐烂敌或腐必清、3～5 波美度石硫合剂或 45% 晶体石硫合剂。

花芽膨大期，对花量大的树进行花前复剪；追施氮肥，施肥后灌 1 次透水，然后中耕除草。丘陵山地果园进行地膜覆盖，穴贮肥水。

2.开花期

苹果树开花期是基于各地气候而定，但一般集中在4—5月。苹果是异花授粉植物，大部分品种自花不能结成果实，需人工辅助授粉或果园放蜂传粉、壁蜂授粉。

盛花期喷1%中生菌素加300倍硼砂防治霉心病和缩果病；喷保美灵、高桩素以端正果形，提高果形指数；喷稀土微肥、增红剂1号促进苹果增加红色；花量过多的果园进行化学疏花。对幼旺树的花枝采用基部环剥或环割，提高坐果率。

3.苹果树修剪管理

对于过旺适龄不结果的树，可将冬剪延迟到发芽后，以缓和树势；较旺的树除骨干枝冬剪外，其他枝条推迟到发芽后再剪，以缓和枝势；进入结果期树，依据目标产量，如花量过多，可短截一部分中长花枝，缩剪串花枝，疏掉弱短花枝，以减少花枝量，增加预备枝。

随之将中心主枝的竞争（枝）、芽、主枝和辅养枝的背上（枝）芽剪掉，以免萌发抽枝，浪费营养，扰乱树形。

4.苹果树嫁接

嫁接，一般在6—8月进行。常用"丁"字形芽接法嫁接：在接穗中部接芽上方0.7～0.9cm处，用嫁接刀横切一刀，深至木质部，再从接芽下方1.2～1.5cm处，由浅至深向上削至横切口，掰下盾形芽片。然后在砧木基部距地面6～7cm光滑处切一个"丁"字形切口，插入事先削好的盾形芽片，对准形成层，用塑料薄膜条绑紧。也可用"一横一点"的芽接法。这种芽接的方法是：先将砧木切成"丁"字形，用刀尖从切口交点处撬开皮层，左手将芽片尖端紧随刀尖插入，并向下推，使皮层逐渐裂开，包紧芽片，然后用塑料薄膜绑紧。

为了提高嫁接成活率，应在生长健壮、丰产、品质好、无病虫害的优良品种树上，选树冠外围生长健壮和芽子饱满的营养枝做接穗。夏季或秋季芽接时，采用当年生新梢，剪去叶片（保留叶柄），插入水桶（或盆）中，以减少水分蒸腾。春季枝接，多在冬季修剪或早春复剪时，选择一年生的枝条，取芽饱满的中间一段作为接穗。

嫁接后10天左右，就可检查是否接活。成活了的芽子，颜色新鲜，叶柄一碰就落，应解去捆绑物，没有接活的芽子变成褐色，皮皱缩，叶柄凋萎不落，应立即补接。

5.苹果树施肥管理

不少果农不重视秋施基肥，也很不重视分期施肥，直接影响果品质量和产量。秋施基肥，一是果树可在秋季根系生长高峰期吸收储备施入的肥料；二是断伤根可及时愈合，对树势影响较小。分期施肥意义也很重要，一次性施肥，势必造成肥料的浪费，甚至造成肥害现象。一般讲，施肥时期要注重秋施基肥，60%～80%的磷肥要以基肥形式施入，配合少量氮肥和钾肥，春施60%的氮肥，夏季幼果膨大期及花芽分化期追施适量的氮磷钾肥,大部分的钾肥应在幼果膨大期和果实着色前20天施入。

苹果树对氮肥需求较一般品种少,而对磷、钾肥需求量相对较多。结果期树氮、磷、钾比例一般为1:1:1.5;果实膨大期更不能偏施氮肥,而应增加磷、钾。此外,还需普喷壮果蒂灵,以保证红富士苹果树的正常生长。调查表明,8月份单施钾肥,果实着色好,而且大小年不显著。

6.苹果套袋期管理

苹果套袋期是全年花果管理的核心时期,套袋具有改善果实外观、减少病虫危害、降低果实农药残留量、防止果面污染等作用,是生产高档苹果的主要技术措施之一,可显著提升经济效益,可谓一举多得!

苹果套袋后应适逢雨天对土壤进行深翻熟化,这样在改良土壤的基础上,又增加了土壤的透气性,同时还能扩大根系的分布范围。土壤深翻的深度,一般以80~100cm为宜,采取逐年、隔行深翻的办法进行,可有效防止一次深翻伤根过多的问题。

套完袋后,应及时浇一次透水,防止发生日灼现象。夏季应根据土壤干旱状况灵活掌握,做到"随旱随灌"。在灌水时要注意以下几个时期:在花芽分化临界期,应控制灌水,以便促进花芽分化;果实采收前禁止灌水,以提高果实含糖量和促进果实着色;果园秋季高温干旱时,为防止果实发生日灼病,可在套袋果摘袋前灌一次水。

套袋后至采收,要重点防治早期落叶病、轮纹病、红蜘蛛、蚜虫等病虫害的发生,同时注意防治因套袋而引起的特殊病虫害,如苦痘病、康氏粉蚧等。

7.果实成熟与落叶期

采收前20~30天红色品种果实摘除果袋外袋,经3~5天晴天后摘除内袋。全园按苹果成熟度分期采收。采前在苹果堆放地,铺3cm细沙,诱捕脱果做茧的桃小食心虫幼虫。采后清洗分级,打蜡包装。黄色品种和绿色品种可连袋采收。拣拾苹果轮纹病和炭疽病的病果。

8.休眠期

根据生产任务及天气条件进行全园冬季修剪。结合冬剪,剪除病虫枝梢、病僵果,刮除老粗翘皮,枝干病害的病瘤、病斑,将刮下的病残组织及时深埋或烧毁。然后全园喷1次杀菌剂,药剂可选用波尔多液、农抗120水剂、菌毒清水剂或3~5波美度石硫合剂或45%晶体石硫合剂。

进行市场调查,制订年度果园生产计划,准备肥料、农药、农机具及其他生产资料,组织技术培训。

第二节 梨栽培技术

梨是我国主要果树，栽培历史悠久，分布遍及全国。梨总产量仅次于苹果和柑橘，位居第三。梨营养价值很高，除生食外，可制梨膏、梨酒、梨脯等。

梨栽培

一 梨园建立

梨园应选择较冷凉干燥，有灌溉条件、交通方便的地方，梨树对土壤适应性强，以土层深厚，土壤疏松肥沃，透水和保水性强的沙质壤土最好。山地、丘陵、平原、河滩地都可栽植梨树，山区、丘陵以选向阳背风处最好。山地、丘陵梨园沿等高线栽植，定植前必须对定植行进行深翻改土，做好水土保持工程后再栽苗。

二 选用良种

梨属于蔷薇科、梨属，该属经济栽培价值较高的主要为白梨、秋子梨、沙梨和西洋梨4个种(系统)。梨品种根据其来源分为地方梨(本地梨)与日本梨。本地梨树冠高大，生长旺，抗病虫，适应性强，但晚熟品种为多，结果偏迟，肉质稍粗糙(石细胞较多)。日本梨则早熟、品质好，但抗逆性较弱，病虫害较多，不耐粗放管理。

三 梨树周年管理技术

1.休眠期

制订果园管理计划。准备肥料、农药及工具等生产资料，组织技术培训。病虫害防治。刮树皮，树干涂白。清理果园残留病叶、病果、病虫枯枝，集中烧毁。全园冬季整形修剪。早春喷布防护剂等防止幼树抽条。

2.萌芽期

做好幼树越冬的后期保护管理。新定植的幼树定干、刻芽、抹芽。根基覆地膜增温保湿。全园顶凌刨园耙地,修筑树盘。中耕、除草。

及时灌水和追施速效氮肥。宜使用腐熟的有机肥水(人粪尿或沼肥)结合速效氮肥施用,满足开花坐果需要,施肥量占全年 20% 左右。按每亩定产 2 000kg,每亩 100kg 果实应施入氮 0.8kg、五氧化二磷 0.6kg、氧化钾 0.8kg 的要求,每亩施猪粪 400kg、尿素 4kg,猪粪加 4 倍水稀释后施用,施后全园春灌。

芽鳞片松动露白时全园喷 1 次铲除剂,可选用 3 ~ 5 波美度石硫合剂或 45% 晶体石硫合剂。梨大食心虫、梨木虱为害严重的梨园,可加放 10% 吡虫啉可湿性粉剂 2 000 倍液消灭越冬和出蛰早期的害虫及防治梨大食心虫转芽。在有根部病害和缺素症的梨园,挖根检查,发现病树,及时施农抗 120 或多种微量元素。在树基培土、在地面喷雾或在树干涂抹药环等阻止多种害虫出土、上树。

花前复剪。去除过多的花芽(序)和衰弱花枝。

3.开花期

注意梨开花期当地天气预报。采用灌水、熏烟等办法预防花期霜冻。

据田间调查与预测预报及时防治病虫害。喷 1 次 20% 氰戊菊酯乳油 3 000 倍液或 10% 吡虫啉可湿性粉剂 2 000 倍液,防治梨蚜、梨木虱。剪除梨黑星病梢,摘梨大食心虫、梨实蜂虫果,利用灯光诱杀或人工捕捉金龟子、梨茎蜂等害虫。悬挂诱捕器或糖醋罐,测报和诱杀梨小食心虫。落花后喷 80% 代森锰锌可湿性粉剂 800 倍液防治黑星病。梨木虱、梨实蜂严重的梨园加喷 10% 吡虫啉可湿性粉剂 1 000 ~ 1 500 倍液。花期放蜂、喷硼砂,人工授粉,疏花疏果。

4.新梢生长与幼果膨大期

病害防治　生长季节可选用异菌脲可湿性粉剂 1 000 ~ 1 500 倍液等防治黑星病、锈病、黑斑病。选用 10% 吡虫啉可湿性粉剂 2 000 倍液或苏云金芽孢杆菌、浏阳霉素等防治蛾类及其他害虫。及时剪除梨茎蜂虫梢和梨实蜂、梨大食心虫等虫果,人工捕杀金龟子。

果实套袋　在谢花后 15 ~ 20 天,喷施 1 次腐殖酸钙或氨基酸钙,在喷钙后 2 ~ 3 天集中喷 1 次杀菌剂与杀虫剂的混合液,药液干后立即套袋。

土肥水管理　树体进入亮叶期后施肥,土施腐熟有机肥水(人粪尿或沼液等)或速效氮肥,适当补充钾肥(如草木灰等),其用量为猪粪 1 000kg、尿素 6kg、硫酸钾 20kg,并灌水,并根据需要进行叶面补肥。同时,进行中耕锄草,割、压绿肥,树盘覆草。

夏季修剪　抹芽、摘心、剪梢、环割或环剥等调节营养分配,促进坐果、果实发育与花芽分化。

5.果实迅速膨大期

保护果实,注重防治病虫害　病害喷施杀菌剂,如 1 : 2 : 200 波尔多液、异菌脲(扑海因）可湿性粉剂 1 000 ~ 1 500 倍液等。防虫主要选用 10% 吡虫啉可湿性粉剂 2 000 倍液、20% 灭幼脲 3 号 25g/ 亩、1.2% 烟碱乳油 1 000 ~ 2 000 倍液、2.5% 鱼藤酮乳油 300 ~ 500 倍液或 0.2% 苦参碱 1 000 ~ 1 500 倍液等。

追施氮、磷、钾复合肥（土施）　施入后灌水，促进果实膨大。结合喷药多次根外补肥。干旱时全园补水，中耕控制杂草，树盘覆草保墒。

继续夏季修剪　疏除徒长枝、萌蘖枝、背上直立枝，对有利用价值和有生长空间的枝进行拉枝、摘心。幼旺树注意控冠促花，调整枝条生长角度。

吊枝和顶枝　防止枝条因果实增重而折断。

6.果实成熟与采收期

红色梨品种，摘袋透光，摘叶、转果等促进着色。防治病虫害，促进果实发育。喷异菌脲可湿性粉剂 1 000 ~ 1 500 倍液，同时，混合代森锰锌可湿性粉剂 800 倍液等。果面艳丽、糖度高的品种采前注意防御鸟害。叶面喷沼液等氮肥或磷酸二氢钾。采前适度控水，促进着色和成熟，提高梨果品种。采前 30 天停止土壤追肥，采前 20 天停止根外追肥。果实分批采收。及时分级、包装与运销。清除杂草，准备秋施基肥。

第三节　核桃栽培技术

核桃原产于近东地区，又称胡桃、羌桃，与扁桃、腰果、榛子并称为世界著名的"四大干果"，既可以生食、炒食，也可以榨油，配制糕点、糖果等，不仅味美，而且营养价值很高，被誉为"万岁子""长寿果"。

核桃栽培

一　品种选择

优良品种是发展核桃产业的重要物质基础。当前，国内重点推广的并适宜南方地区种植的核桃优良品种有以下两类。

晚实类品种：晋龙 1 号（山西），礼品 1、2 号（辽宁），川核系列。

早实类品种：中林 1 号、香玲、丰辉、鲁光、绿波、温 185、陕核 1 号、西林 1 号等。

二 园地选择

核桃树对环境条件要求不严，在年平均气温 9 ~ 16℃，年降雨量 500 ~ 800mm，海拔 600 ~ 1 200m 的地区均可种植。核桃对土壤的适应性比较强，但因其为深根性果树，且抗性较弱，应选择深厚肥沃、保水力强的壤土较为适宜。核桃为喜光果树，要求光照充足，在山地建园时应选择南向坡为佳。

三 栽植技术

1.栽植密度

在土壤、肥水条件一般的丘陵山地可采用株行距 3m×2.5m，在土深厚、土质良好、肥力较高的地区可采用株行距 3m×3m。

2.整地

坡度小于 100° 的缓坡地，可于秋冬季沿等高线挖 100cm×100cm×80cm 的栽植穴；坡度 100° ~ 250° 的坡地，可先筑水平梯带，带宽 2 ~ 3m，带内定点挖 80cm×80cm×60cm 的栽植穴。每穴施腐熟的农家肥（厩肥、堆草、渣肥等）20kg 及磷肥 0.5 ~ 1kg，与表土混匀填入栽植穴中下部。回填时表土放在下面，心土放在上面。

3.栽植

核桃在 11 月至翌年春萌动前都可以栽植。栽植前应先修剪伤根、烂根和过长的主侧根。如根系失水，可先放入水中浸泡半天或进行泥浆蘸根处理，使根系充分吸水。栽植时按苗木根系大小挖开穴土，放入苗木，舒展根系，做到苗正根舒。再按"三埋二踩一提苗"的方法，分层填土踏实，使根系与土壤紧密结合，浇足定根水，待水渗下后再填一层细土。栽植深度以超过苗木根茎原土痕处 2 ~ 5cm 为宜。

四 整形修剪

1.树形

核桃一般适宜两种树形，主干型和开心型。

2.修剪要点

核桃树修剪一般宜在秋季落叶前或春季展叶初期进行，以减少伤流，避免营养物质损失。盛果前的幼树，主要以培育树形为主，在选留主、侧枝的基础上，采用短截、疏除等方法，培养辅养枝，促发新枝，培育结果枝。盛果树主要是疏除、回缩过密枝、细弱枝和下垂枝，保持各细枝条均匀分布，旺盛生长，培养各级结果枝组，增大结果面，促进丰产稳产。衰老树重度回缩各级骨干枝，刺激隐芽（潜伏芽）萌发新梢，更新树冠和培养新结果枝组。

五 土壤肥水管理

1.土壤管理

定植后至结果前的幼龄树应及时除草松土,每年除草 2~3 次,松土可结合除草进行,也可在雨后土壤疏松时进行,松土深度为 5~15cm。成龄核桃园的土壤管理主要是翻耕土壤,促进土壤熟化,改良土壤结构。翻耕时期在每年秋冬季结合施基肥进行,沿树冠滴水线向外扩挖深 40cm、宽 50cm 的圆形或条状沟,然后将基肥和表土放入沟底并混匀,心土覆盖在上面。

2.肥料管理

施肥主要有基肥和追肥两种形式。基肥主要以迟效性农家肥为主,如厩肥、堆肥、饼肥等,又称底肥。追肥是对基肥的一种补充,主要在树体生长期施入,以速效肥为主,以满足核桃树某一生长阶段对养分的大量需求。

在结果前的 1~5 年间,每年施肥量为:氮肥 100~500g,磷、钾肥各为 20~100g。全年施肥 2~3 次,第 1 次在展叶初期(3 月中下旬)进行,以速效氮肥为主,施肥量占全年施肥量的 30%~35%;第 2 次在 5 月下旬进行,以氮、磷、钾复合肥为主,施肥量占全年施肥量的 25% 左右;第 3 次在 10 月中旬至 11 月上旬,以腐熟农家肥为主,结合翻耕土壤进行,施肥量占全年施肥量的 40%~45%。

核桃树进入结果期后,施肥量也要相应增加,在增施氮肥的同时,注意增施磷钾肥。结果树每年施肥 3~4 次,第 1 次在 3 月中下旬,施氮肥 150~200g 和适量磷肥;第 2 次在 6 月中旬前后,以氮、磷、钾复合肥为主,各施 200g 左右;第 3 次在 7 月中下旬,果实硬核期进行,施复合肥 200~300g;第 4 次在果实采收后至 11 月上旬进行,主要以农家肥为主,每株施 30~50kg,适当配施氮肥和磷肥。

在核桃生长期(5—8 月)还可以进行叶面喷肥,在缺水少肥地区尤为适用。叶面肥主要是 0.3%~0.5% 的尿素液、0.5%~1% 的过磷酸钙液。

3.水分管理

核桃萌动和发芽抽梢期(3—4 月)、开花后至果实膨大期(6 月前后)、花芽分化至硬核期(7—8 月),如遇干旱要及时灌水。建在平坦处或低洼地的核桃园,应提前挖好排水沟,遇园地积水时须迅速排出。

第四节　桃栽培技术

一 定植

选大小基本一致,根系多、无病虫害、芽饱满的苗木,把侧根剪平滑,浸在 1% 的硫酸铜溶液中 5 分钟，再放到 2% 石灰液中浸 2 分钟。按定植穴栽植，栽植深度以苗圃地根茎痕迹处为标准，太深苗木长势不旺。根系要舒展，苗木要直立，做到"一提二踩三封土"，栽后及时浇水。定植时间因不同地区而异，冀南地区一般在 3 月下旬定植。

桃栽培

二　定植后的当年管理

1.整形修剪

温室桃的特点是密度大、树冠小、生长期长、生长量大。在整形上第一年不强求树形，但要求有足够的枝量，为翌年丰产打下基础，至于树形，3 年内完成即可。

2.肥水管理

在肥水管理上要"前促后控"。"前促"是指在 6 月底以前，要求供足肥水，促进生长。定植成活后及时浇水，以后一直保持地面湿润，浇水时要追施氮肥，施肥量由少逐渐增多。"后控"指 6 月底以后要控水控肥，追肥要以磷钾肥为主。

3.促花技术

多效唑促花　在 6 月底至 7 月初、7 月底至 8 月初，各喷一次 800～1 000mg/L 多效唑，可抑制营养生长，促进花芽形成，特别注意在喷多效唑时，叶背面为主，叶正面为辅，喷至叶片滴水为宜。

人工促花　在喷多效唑之前，根据整形的要求，对主枝拉枝，调整主枝角度。在 7—8 月剪除密挤枝，对背上旺长枝要及时疏除或拉枝改变角度，还可通过拿枝软化、拧梢等措施促花。在冀南地区 7 月下旬至 8 月下旬要随时调整枝条密度，否则枝条生长不健壮，花芽发育不充实，影响翌年产量。

4.秋施基肥

施肥时间在 9 月中旬最为理想。早秋施基肥，翌年在果实发育期施肥区域根系分布很多，对肥料利用率高；晚秋施基肥，在果实发育期施肥处根系分布较少，对肥料利用率低。

施肥种类：有机肥 4 000～5 000kg、过磷酸钙 100kg、氮磷钾复合肥 50kg。

5.冬季修剪

采取长枝修剪技术，主枝上每 15～20cm 留一个长果枝，空间大时适当多留，剪除密挤枝、细弱枝、徒长枝。剪完后每亩留枝量 7 000～7 500 个长果枝，另外，适当留一些中短果枝。

6.灌冻水

上冻前浇一次水。

三　撤膜后的管理

1.更新修剪

需冷量在 700～800 小时的桃品种，在冀南地区 4 月中旬果实采收，在大连地区 4 月上旬采收。果实采果后在单位面积内树体已形成，空间基本占满，但撤棚后与露地有同样的生长时间，如果不采取更新修剪，势必造成严重郁闭。更新修剪是指将树冠内绝大部分枝梢剪掉，促其重新生长的修剪方法。

2.采果后土肥水管理

结合采后重剪，进行一次挖沟施肥。在行间挖 30cm 宽、30～40cm 深的沟，沟内施用腐熟的有机肥，每亩 4 000～5 000kg，再掺入氮磷钾复合肥 50kg。施肥后全园灌透水，然后松土。以后根据天气情况，适时灌水并做好雨季排水。

3.夏季管理

定梢　更新修剪后 10 天左右，在主梢上长出许多新梢，待新梢长至 5～10cm 时，进行定梢，同时，要及时抹除骨干枝上的萌蘖。

喷多效唑　在新梢平均长至 30～35cm 时，喷 800～1 000mg/L 多效唑，4 周后再喷 1 次，共喷 2～3 次。

第五节　葡萄栽培技术

一　设施葡萄栽培技术

（一）温室建设标准

温室骨架为钢筋、钢管或镀锌管，墙体为砖石结构或里砖外土，棚体高度 4.5m，跨度为 7m，长度可结合地块情况，以百米为宜，覆盖物里层为聚乙烯塑料薄膜，外覆草帘子或保温被，棚室水电齐全，并应配备滴灌设备。

（二）品种选择

应选需冷量和需热量低、发芽整齐、果实生育期短、抗性强、果穗紧凑、果粒均匀、丰产、稳产的特早熟、早熟丰产品种。生育期一般以 95～110 天为宜，保护地栽培一般 6—7 月成熟上市，比露地葡萄早 1～2 个月。在阜新地区保护地种植较多的品种有：茉莉香、郁金香、红提等（注：茉莉香葡萄在棚内栽植冬季不用埋土防寒）。

葡萄栽培

（三）苗木选择与栽植

1.苗木选择

苗木的好坏，对成活率、生长情况、抗病性、抗虫性、产量高低等都具有较大影响。苗木要选择品种纯正、生长旺盛、根系发达、没有病虫害的嫁接或自根葡萄苗木。

2.苗木栽植

棚栽葡萄有一年一栽，也有多年一栽等形式。目前主要采用的是多年一栽，栽植的株行距比露地要密一些，立架种植，栽植当年顺葡萄沟方向，分别在南北方向各栽 1 个水泥架杆，后架杆离地 1.8～2m，前部架杆高度依据温室实际高度确定，在架杆上绑缚粗 3～5cm、长 60cm 的横杆，间距分别为 0.5m（从地面算起）、0.6m、0.6m，在横杆的两侧绑铁丝。株行距一般为（0.5～2）m×（1.5～2）m。定植前根据行向，挖深 80cm、宽 1m 的定植沟，沟底铺 10cm 左右的秸秆，每亩施用农家肥 4 000kg 左右和适量的磷钾肥，与土拌匀后填入定植沟内，后立即灌水沉实。栽植时间一般为春季，在萌芽前进行。

（四）温湿度调控技术

1.催芽期

从催芽期开始，第一周要缓慢升温，白天温室内温度保持在 15～20℃，夜间 10～15℃，最低不能低于 3℃。以后逐渐提高温度，至萌芽发育为止，白天温度升至 20～25℃，夜间 15℃左右，最低不低于 5℃。在催芽期间，保护地内的门及风口要紧闭，空气湿度要保持在 80% 以上。

2. 新梢生长期

白天温度控制在 20 ~ 25℃, 夜间温度在 15℃左右, 最低不低于 10℃, 温室内湿度保持在 60% 左右。

3. 花期

为提高花粉萌发率, 保证授粉受精顺利进行, 保护地内白天的温度要保持在 20℃左右, 夜间在 5 ~ 10℃, 最低不能低于 5℃, 开花期要注意停止灌水, 湿度保持在 50% 左右, 以利于开花和散粉。

4. 幼果期

此时期温室内白天温度保持在 20 ~ 25℃, 夜间 15 ~ 20℃, 湿度 70% 左右。

5. 着色期

白天保护地内温度在 20 ~ 30℃, 夜间 16 ~ 18℃, 要停止灌水, 湿度保持在 70% ~ 80%。

（五）日常管理技术

1. 整形修剪

单干单臂水平整枝　苗木按 1m 株距定植, 萌芽抽枝后, 留一个强健的新梢, 将其基部 50 ~ 60cm 的副梢全部抹除, 60cm 以上的留 2 ~ 6 片叶摘心。冬剪时, 将主蔓上的副梢全面剪掉, 留 1 个 1.5 ~ 1.6cm 的主蔓作为结果枝, 第二年主蔓从南向北水平绑缚在 50 ~ 60cm 高的第一道铁丝上, 待新梢萌发后, 将主蔓基部 60cm 以下的芽全部抹除, 以上部分每隔一节留一个结果枝, 共留 4 ~ 5 个结果枝。

单干双臂水平整枝　苗木按 2m 株距进行定植, 萌芽后, 留 1 个强健的新梢培育成一侧的主蔓。待新梢长至 1.2 ~ 1.9m 时进行摘心, 促进副梢萌发, 为提早成型可进行副梢整形。待距地面 80cm 以上的新梢萌发时, 留 1 年生强壮的副梢培养成另一侧的主蔓, 其余副梢全部抹除, 在副梢以上的, 除顶端 1 个留 4 ~ 6 个叶摘心外, 其余均留 1 ~ 2 片叶摘心, 以保证所选留的副梢能够健壮生长。

2. 生长季修剪

去卷须　对于新梢上发出的卷须要及时地摘除, 以减少不必要的养分消耗。

抹芽　目的是为了调节树势, 控制新梢的生长量, 调节树势, 便于养分的合理分配。

扭梢　为保证结果枝在开花前的长势保持一致, 当萌发的新梢长到 20cm 左右时, 将其基部扭一下, 以延缓其长势, 这样可有效地提高坐果率。

新梢摘心　在花前将新梢的梢尖剪掉, 以延缓新梢长势, 更主要的是减少新梢对养分的争夺, 使更多营养输送到花穗, 保证花芽分化、开花、坐果对养分的需求。棚栽葡萄的摘心要尽早进行,待新梢叶片数够时便可进行,不要等到开花前进行。

疏穗和掐穗尖 棚栽葡萄一般肥水都比较充足,几乎每个新梢均有花序,通常一个新梢只留一个果穗,最多可留2个果穗,同时因树定产,因枝定穗,疏除过多过小的花穗,以便集中养分长好正穗和增大果粒。

3.肥水管理

为有效提高葡萄的产量和质量,棚栽葡萄切记要以农家肥为主,在生长期少量适当地追施磷肥和钾肥,要严格控制氮肥的施用量。施用的农家肥要注意,待充分腐熟后施用,鸡粪要等第二年方可施用。施用量以每亩 $5 \sim 7m^3$ 为宜。生长期每亩可施入钾肥45kg、磷肥22.5kg。棚栽葡萄主要灌好催芽水、催花水、催果水以及果实采收后的灌水和封冻水,在开花期和浆果成熟前的一个月不要进行灌水。

4.病虫害防治

阜新地区棚栽葡萄病虫害发生较少,主要是做好防雨和通风、降湿工作,棚栽葡萄一般情况下不易发生病虫害。在日常防护方面,萌芽前喷施1次5°的石硫合剂,花前喷施1次多菌灵,花后喷施 $3 \sim 5$ 次波尔多液,每周喷1次,以防治灰霉病、霜霉病和白粉病。虫害主要是螨虫,可用杀螨剂等药品进行防治。

二 露地葡萄栽培技术

(一)建园

应选择地势平坦开阔,土层较厚,土壤疏松肥沃,pH值在 $6.5 \sim 8$,有机质含量较高的沙壤土或沙质壤土,光照充足,有良好的水源和灌溉条件,交通便利,无地下害虫的地块。

1.架式、株行距

鲜食葡萄可采用倾斜式小棚架,行距 $5 \sim 6m$,以便冬季取土防寒。株距可根据架面上所留主蔓的数量来确定,1株1主蔓的株距为0.5m,1株2主蔓的株距为 $0.75 \sim 1m$ 为宜。架高2m左右。

2.建园的架材

倾斜式小棚架,每亩用水泥柱60根左右。水泥柱为长条形,边长 $8 \sim 12cm$,长度为2.5m左右,另需30根竹竿8号铁线1 200m左右。单臂篱架,每亩需高 $2 \sim 2.5m$ 水泥柱66根、8号或10号铁线800m。

(二)苗木选择

选择没有病虫害和病毒的一级嫁接苗,肉质根5条以上,侧根直径在 $0.2 \sim 0.3cm$,苗木嫁接口上部粗度在0.5cm以上,完全成熟木质化,具有3个以上的饱满芽。

（三）栽植

1.定植沟

挖定植沟时间在秋后至上冻前，沟的深度和宽度均为1m。先按行距定线，再按沟的宽度挖沟，将表土放到一面，心土放到另一面。回填时，先在沟底填一层20cm厚的秸秆，再填一层表土、一层与土混匀的腐熟农家肥，最后回填土层。每亩需腐熟农家肥5 000kg，另外加20kg的磷肥。回填后灌水，沉实至地表以下30cm左右，以备栽苗。

2.栽苗时期

在春季栽植，每年的4月中下旬为宜，采用深沟浅栽，并覆黑色地膜，有利于提高地温和保墒，促进根系生长。

3.栽植前苗木处理

栽苗前要对苗木进行适当修剪，对过长根系剪留20～30cm，栽植前将苗木放入清水中浸泡一夜，栽前将根系剪出"白茬"。

4.栽植技术

栽植采用"三埋两踩一提苗"的方法，运用好套瓶技术，覆土深度在嫁接口以下3～5cm处，栽后灌透水，待水渗后覆土并覆上黑色地膜。

5.苗木定植当年管理技术

当芽眼萌发时，嫁接苗要及时抹除嫁接口以下萌发芽。当苗木高度长到20cm时，根据栽植密度进行定枝、疏枝，若株距较大一般留2主枝，反之，留1个。疏除多余枝，留壮枝不留弱枝，保证养分集中供给有利于植株生长。当苗木长到80cm时，要对主梢进行第一次摘心和副梢处理，首先疏除距地面30cm以下的副梢，一次侧生留2片叶摘心，二次侧生留1片叶摘心；顶端副梢留4～5片叶摘心，二次副梢一般留2～3片叶摘心，三次副梢一般留1～2片叶摘心，反复进行。通过反复的摘心，可促进苗木增粗、枝条木质化和花芽分化。

（四）肥水管理

早期丰产栽培技术关键是当苗木长到50cm左右时，进行第一次追肥。由于苗木根系较弱，能够吸收的营养元素也相对较少，因此，要勤追少施，1年内追2～3次，追肥时间间隔30天1次，前期追肥以氮肥为主，后期追施主要以磷钾肥为主，追肥同时结合灌水、松土和中耕除草。

（五）日常管理技术

1.抹芽

芽萌动后10天左右进行第一次抹芽，主要抹除隐芽、并生芽、弱芽和过密芽等。第二次在第一次抹芽后的10天左右进行，原则遵循"树势强者轻抹，树势弱者重抹"。

抹去嫩梢梢尖上直立、向后的芽。

2.定梢

定梢是抹芽的继续,根据品种、树势而定,疏除过强、过弱枝,强结果母枝上可多留新梢,弱结果母枝则少留,有空间多留,没有空间少留。一般中长母枝上留 2~3 个新梢,中短母枝上留 1~2 个新梢。一般每平方米架面可留新梢 15~25 个。

3.摘心和副梢处理

摘心时期,开花前 4~7 天进行。方法:结果枝在花序以上留 8 片叶摘心,对营养枝留 10~12 片叶摘心,延长枝可适当留的多些。副梢处理,对结果枝花序以下的副梢全部抹除,花序以上的副梢及营养枝副梢可选留 1 片叶摘心,延长副梢(新梢顶端 1~2 节的副梢)可选留 3~4 片叶摘心,以后反复按此法进行。

4.疏花序和花序整形

疏花序,原则上对果穗较大的品种中庸枝留 1 穗,强枝留 1~2 穗,弱枝不留,小穗品种可适当多留。花序整形,包括去副穗、掐穗尖、确定穗长及留花蕾数等。一般在开花前完成,先疏除副穗和上部 2 节左右的小枝梗,再对留下的枝梗中的长枝梗掐尖,一般所留枝梗数以 12~13 节为宜。对一些粒松但果粒不大的品种,所留枝梗节数可稍多(15~16 节),保证有足够的穗重。对坐果率高、果穗小的品种,只需去掉副穗即可。对坐果率高、果穗紧的大果穗品种,应在去掉副穗和花序基部的 3~4 节后间隔 2~3 节去掉 1 节枝梗。

5.绑蔓

新梢长到 30~40cm 时进行绑蔓,将新梢绑缚在铁线上,根据新梢长势,弱枝可直绑,中庸枝斜绑,强枝大斜度或水平绑。

6.除卷须

在夏季随长随除。

7.疏果

在盛花后 15~25 天进行,重点疏除小粒果和伤残果及穗轴上向内侧生长的果粒,疏去外部离轴过远及基部下垂的果粒。

8.果穗套袋

要选用正规厂家生产的葡萄专用硫酸纸袋,规格根据品种的果穗大小而定。套袋前要进行果穗整理,疏除小果、畸形果、病残果,喷施多菌灵、甲基托布津或百菌清等杀菌剂,待药液干后即可套袋。黄绿品种可不摘袋,有色品种采收前 7~10 天摘袋,有利于果实着色。

9.冬季修剪

一般在 10 月中下旬进行,原则上强枝长留,弱枝短留;上部长留,下部短留。生产上多采用长中短枝结合的修剪方法,一些结实能力强的品种基部芽眼充实度高,可采用中短梢修剪,而对生长势旺、结实力低的品种应多采用中长梢修剪。所留结果母枝必须是成熟度好、生长充实、无病虫、有空档部位的枝条。疏除病虫枝、过密或交叉枝、过弱枝。幼树整形基部 50cm 以下不留枝条。

(六)越冬防寒

露地栽培葡萄必须进行防寒处理,方法多采用埋土防寒。时间:一般在初霜前根茎部先覆土 20cm 左右,立冬前进行完毕。土壤封冻前必须浇一次封冻水,增加土壤水分,减少表层土温度变化幅度,提高根系抗寒性。方法:冬剪后,将葡萄捆绑,主蔓依次顺行方向摆好,从距葡萄根部 1.5m 以外的行间取土,覆于葡萄主蔓上,在行内形成一条长垄,厚度 60cm 左右,土堆基部直径 1.8m。注意埋土时如有大的土块必须打碎,防止有缝隙透风冻伤枝蔓,有条件可以在土堆上覆盖一层秸秆,并附上一层塑料,将塑料边缘用土压严。

第六节　砂糖橘栽培技术

砂糖橘又称十月橘,主要种植于广东省广宁、四会一带,因味道鲜美、口感清甜而受到广泛欢迎。目前,广西壮族自治区(全书简称广西)也正在大量种植砂糖橘,当地气候温暖、降水量充沛,具有较好的种植条件。

砂糖橘栽培

一　气候条件要求

砂糖橘对气温具有较高的要求,要求年平均气温在 18 ~ 21℃,最低气温不能低于 –5℃。砂糖橘根系较浅,不耐干旱和渍水。

二　土壤选择

砂糖橘对土壤要求不高，在大多数土质中均可正常生长。但是如果要使砂糖橘具有产量高、生长快、结果早等特点，那么种植土壤必须要求土质疏松、营养丰富、保温性能强，并且种植地要具有灌排性能好、交通方便、旱地、冲槽地等特点。

三　品种选择

要选择种性较好、生长健壮的品种，最好选择高度 40cm 以上、主根比较粗壮、茎粗 0.3～0.5cm、侧根较多的砂糖橘苗木。

四　种植

一般情况下，砂糖橘种植密度为 3 000～4 500 株 /hm²，行株距为 2.0m×1.5m 或 2.0m×1.0m；在山地种植时，种植密度为 1 500 株 /hm²，行株距为 3m×2m。种植时间为 2—3 月，尽量选择土质比较肥沃疏松的河边冲积土。砂糖橘的根系不能与未完全腐熟的有机肥直接接触，避免烧伤根系，影响生长。种植前，要将苗树上部分枝叶剪去，以降低水分的蒸发量，可以剪去主根，保留须根，用新鲜的黄泥土蘸根，有条件的可以在蘸根时加入少许生根粉。在种植后 1 个月之内，要适时淋水，保证苗树须根周围的土壤湿润。

五　幼苗期管理

1.肥水管理

种植 15 天以后，部分苗树开始发芽，40 天以后，浇淋腐熟的粪水，或者每株浇施 0.5% 尿素水溶液 1～2 勺，浇施次数为 1～2 次。未重新生根发芽的苗树不能太早施肥。随着苗树生长天数的增加，要逐渐增加粪水的用量、浓度，同时，在粪水中加入适量尿素。种植翌年，施肥次数可以减少，但同时要增加化肥与粪水的用量。

2.整形修剪

砂糖橘树形通常采用自然开心型。定植以后，保留 3 条主枝，3 条主枝之间的角度成 120°，主干与主枝之间的角度成 40°。如果 2 个主枝之间的角度较小，可以用绳子将其拉大，直到主枝定型以后将绳子去除。如果主枝成熟，则可以保留 35cm 的长度，多余部分截掉；在裁剪副主枝时，可以根据扩大冠幅且对下部枝条不遮挡的原则进行。单独的直立长枝要及时剪去，保留弱枝，使其成为副枝。因为砂糖橘生长速度较快，且枝叶茂盛，所以要定期进行整形修剪，通常每株砂糖橘苗树保留 3～4 条新梢即可。

六　成园期施肥管理

1.春梢肥

春梢肥通常在 2 月施入。结果树以速效肥为主，栽植时间较短的苗树主要施梢前肥和梢后肥。如果遇到干旱，要及时灌水，避免因干旱对春梢和花序的生长与发育产生影响。加强根外施肥的力度，结果树通常选择硼砂、酸铵等肥料，需要喷肥2次，每隔7天喷1次。结果树处于结果盛期时，要疏除多余的春梢；新种植的苗木如果没有足够的春梢，可以根据"去零留整"的原则进行1~2次抹芽，从而保证春梢的生长。

2.谢花小果肥

谢花小果肥一般在砂糖橘结果谢花时施入，有利于提高坐果率。施肥量根据结果量而定，结果多则多施，结果少则少施。谢花小果肥以复合肥为主，施肥量为0.2~0.5kg/株。此外，对夏枝的萌发量要进行有效控制，避免与果实竞争营养。

3.秋梢肥

砂糖橘全年最后一个生长高峰期即为秋梢期，这个时期需要大量肥料，施肥量占全年总需肥量的30%~40%，因为此时果实要进行二次生长，需要大量养分，并且秋梢生长也需要大量养分。这一时期根系需要吸收大量养分，既要给新梢生长提供养分，又要给果实二次膨大提供养分。因此，一旦养分不足，秋季受天气影响，根系缺乏活力，不能吸收足够的养分，秋梢容易出现"秋黄"。

4.采前（后）肥

如果砂糖橘果树树势轻弱挂果率较低，可以在摘果前后施1次速效肥，促进果树生长和花芽分化。如果砂糖橘果树生长健壮，则不需要再对其进行施肥。采果完成以后，要全园培土1次，对根系较浅的果树有良好的保护作用，可以安全过冬。

七　病虫害防治

1.黄龙病

黄龙病对砂糖橘具有严重的为害性，目前还没有有效的防治药剂。该病的主要特征表现为树冠上部叶片全部变黄，染病叶片以中脉为中心线，出现黄绿相间且不规则的斑驳病斑4个。

防治措施：栽植时要选择脱毒苗，加强对蚜虫和木虱的防治，并且对病害要及时发现并进行治理。

2.炭疽病

该病的主要特征表现为患病叶片出现红霉点，呈轮状。

防治措施：在4—5月和8—9月，要加强药剂防治，可以使用70%托布津600~800倍液喷洒；果树在幼龄期可以喷0.5%等量波尔多液1次；还要加强冬季果园清理力度。

3.潜叶蛾

该虫害以幼虫钻食叶肉，使叶片卷缩。

防治措施：在新梢长到1cm时喷24%万灵水乳油1 500～2 000倍液、5%绿福1 000～1 500倍液防治,每隔5天喷1次,喷2次即可。

4.蚧类虫

红蜡蚧、吹绵蚧、盾蚧等几种蚧类虫害对砂糖橘果树有较大的影响,发生蚧类虫以后会导致果实产量大幅下降,并且还会引发煤烟病。

防治措施：5—6月是第1代幼虫生长高峰期,此时可以连续喷洒2次蚧杀特和速扑杀1 500倍液防治。

第七节　柚子栽培技术

柚子又名文旦、香栾、朱栾、内紫等,柚子是芸香科植物柚的成熟果实,产于我国福建、江西、广东、广西等南方地区。

柚子栽培

一　定植

1.定植密度

柚子长势旺,树冠大,嫁接树6～7年即进入盛果期,因此成片栽植密度不宜过密。20°以上的坡地,亩栽45株；10°～20°的坡地,亩栽40株；10°以下的缓坡地,亩栽35株左右。柚树喜欢温暖、潮湿,需肥水,要求土层深厚肥沃,柚树要特别注意栽在土壤较为肥厚、水分较充足的土壤或者水源条件好的地方。

2.定植时间

一般以春秋雨季为宜,春季2月底至4月下旬,秋季9月中旬至10月中旬。有条件的,其他季节也可定植,但不宜在冬季低温和夏季伏旱条件下定植。

3.定植方法

定植前　挖1m见方的大坑,施足大量有机肥和适量磷肥做底肥,并回土高出地面

20～30cm。

定植时 将苗木轻轻放于穴中,以松碎土栽植,用手把根团周围细泥压实,嫁接口露出地面。

定植后 理好窝盘高出地面20cm,灌足定根水。

二 土壤耕作

1.深翻扩穴,熟化土壤

深翻改土,熟化土壤必须从建园开始,逐年扩大。幼树可在树外围挖环形沟,分年深耕。成年柚园可在树冠外围挖条沟状深沟,深0.5m,宽0.7m,分层埋施绿肥等有机肥和无机肥,也可隔年、隔行或者每株每年轮换位置深翻。

2.大种绿肥,用地养地

大种绿肥覆盖地面,夏季可防止冲刷,降低土温,增加空气湿度和抑制杂草,同时可以增加土壤有机质,提高土壤肥力。如果间种豆科、蔬菜等,还可增加早期效益,其茎秆、残枝败叶覆盖并翻入土种,增加土壤有机质。

3.中耕培土

中耕时结合除草,一般每年中耕3～4次,即在冬季采果后,夏季或者秋季,结合播种、间作各中耕1次。中耕深度10～15cm(结合间作播种,适当加深),越近树干越浅,以免损失大根,培土宜在干旱季节来临前或者冬天采果后进行。在缓坡地带,3～4年培土1次,在坡度大、冲刷严重的地方,隔年培土1次。

三 施肥

幼树树小,根幼嫩,宜勤施薄施,一年可施5～6次,对结果树一般要施4次肥,即还阳肥、催芽肥、稳果肥和壮果肥。

1.还阳肥(基肥)

在采果前后施,其施肥量占全年施肥量的一半,应施大量的绿肥、堆肥、圈粪、饼肥等迟效肥,并配合速效氮肥和磷肥。

2.催芽肥(花前肥)

一般在2—3月进行,这次肥应以速效氮肥为主,主要施用人畜粪,适当结合施用尿素。

3.稳果肥

在6月落果前半个月施速效氮肥和磷肥,可施用腐熟人畜粪,喷施过磷酸钙1%浸出液。

4.壮果肥

6月中下旬施用,施速效性氮肥和磷钾肥。

四 灌溉与排水

其全年的生长发育过程都需要适量的水分,特别是春芽萌发和开花期、果实生长盛期最为敏感,有春旱伏旱,这时必须进行灌溉。地势较低,地下水位高的地方或者雨季注意排水,在雨季来临前或者暴雨季节应随时检查柚园排水系统,及时修整疏导,做到排水畅通无阻。

五 整形修剪

柚树树势强盛,树体高大。幼龄期在肥水充足条件下,顶端优势强,枝梢生长直立,容易形成主干明显树形,新梢多而强盛,结果后枝条因果重而下垂,枝条向下弯曲,致树形成伞状,光照不易透入树冠内部而枝衰果小,柚树的结果母枝大部分都在树冠内部,为二年生的无叶枝(俗称爪爪)。根据柚树的生长结果特性,生产上宜选用"变则主干型"和"自然开心型",干高宜为 40 ~ 60cm,主枝间隔 30 ~ 40cm,共培养 5 ~ 6 个主枝。修剪柚树时应做到"顶上重,四方轻,外围重,内部轻",即在树冠四周枝叶密集处,修剪稀疏,顶部枝条重剪,内部枝条轻修剪,使树冠内部光照良好,结果多而品质好。一般树冠内部 3 ~ 4 年生侧枝上的较纤细的无叶枝是优良的结果母枝,必须注意保留。在树冠外围过长或者扰乱树形、影响树势均衡的侧枝,应注意疏剪与短截,达到通风透气的目的。

六 柚子的病虫害防治

1.柚子的病害防治

柚子的主要病害有黄龙病、溃疡病、疮痂病、炭疽病,其防治方法同柑橘,可以参照应用。溃疡病对柚子为害比较严重。溃疡病由细菌引起,主要侵害新梢、嫩叶和幼果,形成近圆形、木栓化、表面粗糙、黄褐色、直径 0.3 ~ 0.5cm 的溃疡斑,引起落叶、落果,影响生长和产量,降低果实外观和内在质量。防治方法以预防为主,综合治理,严格检疫制度,建立无病母本园、采穗圃和育苗基地,防止病苗出圃,发病园地应采取综合措施防治。

彻底清园 采收后剪除病枝、病叶,清理病果、落果,就地烧毁。清园后全面喷洒石硫合剂,消灭越冬病源。

消杀害虫 每次抽梢期及时防治传染病源的害虫,如潜叶蛾和恶性叶虫等。每次新梢露顶后(自剪前)及花谢后每隔 10 天、30 天、50 天喷 1 次药。

2.柚子的虫害防治

柚子主要虫害有红蜘蛛、锈壁虱等螨类,矢尖蚧、褐圆蚧等蚧类,柑橘潜叶蛾,吉丁虫等。

螨类防治方法 可用 73% 的克螨特乳油 2 000 ~ 4 000 倍液、50% 的三唑环锡

1 500～2 000 倍液、20% 三氯杀螨醇乳油 800～1 000 倍液喷洒。

蚧类防治方法　可在幼虫发生期连续喷洒 20% 杀灭菊酯乳油 3 000 倍液 1～2 次。

柑橘潜叶蛾防治方法　可在大多数新梢长到 0.5～1.0cm 时开始每隔 5～10 天喷 1 次 25% 溴氰菊酯 2 500～3 000 倍液或 40% 水胺硫磷 800～1 000 倍液。

第八节　冬枣栽培技术

冬枣是一种口感甜脆且营养价值较高的晚熟鲜食品种，深受消费者与种植户的青睐。近年来，随着栽培面积不断扩大，相应的种植管理要求也越来越高。因此，本节以冬枣无公害丰产栽培概述为切入点，重点分析其技术要点，以期为冬枣种植户们提供一定的技术参考，切实提升冬枣的经济价值。

冬枣栽培

一　选地建园

选用健壮、根系发达、无病虫为害的优质无毒苗木。园地应选择空气清新，水质纯洁，土壤未受污染，地势平坦，地形开阔，光照充足，土壤肥沃，排灌条件良好，土壤不含有害、有毒物质，土壤矿物质在正常值范围内，无农药残留、污染地块为宜。

二　适时定植

冬枣适应性强，耐干旱瘠薄，对肥水要求不严格，建园应采用密植矮化栽培方式，一般（2～3）m×（3～4）m，每亩定植 56～111 株，对提高幼树的早期产量作用明显，冬枣对光照要求比较高，行向设计应以南北向最好。

三　肥水管理

冬枣对磷肥需求量较高，栽植时可株施过磷酸钙 0.5kg、有机肥 25kg。每年 5 月下旬、6 月下旬至 7 月上旬和 8 月上旬各追施 1 次化肥。秋季沟施有机肥，株施农家肥 50～70kg 和氮磷肥 0.5～1kg 或同量三元素复合肥。枣树萌芽前、花前、幼果膨大期和越冬前各灌 1 次透水，其他时间视旱情适当灌水，雨季及时排水，雨后及时中耕除草。秋季耕翻树盘。

四 花果管理

一是在初盛花期枣头摘心，依生长势强弱，分别留 3 ~ 5 个二次枝摘心。二是喷清水，从枣花初期到盛花期每隔 1 ~ 3 天喷一次清水，共喷 3 ~ 5 次。三是激素处理，在盛花初期喷布 1 ~ 2 次 10 ~ 15mg/L 赤霉素。四是环剥、环割，对幼旺树于盛花期进行主干环割，主干直径达 5cm 以上进行环剥，环剥宽度为 0.5 ~ 1cm。结果期大树可以在主干上环剥，初结果幼树一般在主枝上环剥，以达到结果、养树都不误的效果。剥口以 20 天左右愈合为好，以达到截留树上营养、保果的目的。

五 整形修剪

冬枣的树形依据栽植密度而定，每亩 55 ~ 100 株的，宜采用小冠、疏层形，保持通风透光，栽植定干高度 70 ~ 80cm，逐年培养出 5 ~ 6 个主枝。在冬剪和夏剪时应及时疏除徒长枝，短截延长枝，疏截过密枝和细弱枝，以维持树势平衡，保持树冠通风透光，及时回缩冗长的结果枝，使局部枝条更新复壮。

六 病害防治

枣树病虫害主要有叶螨、桃小食心虫、枣步曲、枣锈病、枣缩果病、枣疯病等。

七 收获

冬枣属鲜食品种，多采用手摘，同株冬枣成熟期不同，可根据情况分 2 ~ 3 次采收，分期采收不但可以提高产量，而且可以提高品质。

第五章

畜牧业养殖技术

第一节　生猪养殖技术

一　无公害生猪养殖

1.猪场场址选择

地势、地形及面积　场址应选择地势高燥、平坦且有适当坡度、排水良好的地方，要向阳背风，面积宽敞，一只基础母猪及其仔猪按 $10m^2$ 建筑面积计算，一只基础母猪规划占地 $15m^2$。

水源　猪场必须要有水量充足、水质良好的水源。可以是泉水、溪水或城市的自来水，水质应符合 GB 5749 的要求，便于保护和取用。

土质　猪场用地最好是沙质壤土。能保持干燥，导热性小，有良好的保温性能，可为猪群提供良好的生活条件。土壤的颗粒较大，强度大，承受压力大，透水性强，饱和力差，在结冰时不会膨胀，能满足建筑上的要求。

周边环境　交通要较方便，但应和公路、铁路和村庄有一定距离，要远离屠宰场、牲畜市场、畜产品加工厂、牲畜来往频繁的道路、港口或车站。因交通运输频繁的地区，携带病菌较多，易造成疾病的传播，同时易带来噪音。

场址选择

猪舍

2.引种

制订科学合理的引种计划　根据自己的实际情况制订科学的引种计划，计划包括品种（大白、长白、皮特兰、杜洛克）、种猪级别（原种、祖代、父母代）、数量（关系到核心群的组建）。应从具有种猪生产经营许可证的种猪场引进，并有《种猪质量合格证》和《兽医卫生合格证》。

注意先隔离　新引进的种猪,应先饲养在隔离舍,而不能直接转进种猪生产区。

注意消毒和分群　种猪到达目的地后,立即对卸猪台、车辆、猪体及卸车周围地面进行消毒,然后将种猪卸下,按大小、公母进行分群饲养。

注意加强管理　先给种猪提供饮水,休息 6～12 小时后方可供给少量饲料,第二天开始可逐渐增加饲喂量,5 天后才能恢复到正常饲喂量。

注意隔离与观察　种猪到场后必须在隔离舍隔离饲养 30～45 天,严格检疫。

知识拓展

猪场引种常见误区

体重越重越好　体重大的猪多数为选择剩下的猪,挑选余地比较小,可能有某方面的问题或者生长性能不理想。

多家种猪场引种　认为种源多、血缘远有利于本场猪群生产性能的改善,殊不知这样做引进疾病的风险也就越大。

忽视健康情况　很多新手朋友在引种时只考虑价格、体形,而忽略了健康这个关键要素,引进种猪同时把疾病引了回来。

引种猪仔

3.饲养条件

饲料原料和添加剂应符合《无公害食品——生猪饲养饲料使用准则》的要求。不同生长时期和生理阶段,根据营养需求配制不同的配合饲料。不给育肥猪饲喂高铜、高锌日粮,不使用变质、发霉、生虫或污染的饲料,不使用未经无害化处理的泔水及其他畜禽副产品,不使用动物源性饲料。禁止在饲料和饮水中添加非法添加物,在育肥猪出栏前,按使用规定执行休药期。

饮水水质符合《无公害食品——畜禽饮用水质标准》要求,不饮用有害物质和细菌超标及被污染的水源。经常清洗消毒饮水设备,避免细菌滋生。

4.兽医防疫

保持良好的卫生环境，减少疾病的发生，严格按照《无公害食品——生猪饲养兽药使用准则》和《无公害食品——生猪饲养兽医准则》的要求使用兽药，兽药、疫苗须来源清楚、质量可靠。建立合理的免疫程序，有计划地使用疫苗预防生猪疫病，使用的疫苗应符合《兽用生物制品质量标准》要求。推荐使用《中华人民共和国兽药典》收载的兽用中药材、中药成方制剂。兽药使用应在临床兽医的指导下进行，严格掌握兽药的用法、用量和停药期。禁止使用麻醉药、镇痛药、镇静药、中枢兴奋药、化学保定药及骨骼肌松弛药，禁止使用未经农业农村部批准或已被淘汰的兽药。

5.卫生消毒

选择对人和猪安全，没有残留毒性，对设备没有破坏，不会在猪体内产生有害积累的消毒剂。猪舍周围环境，每2~3周用2%烧碱或撒生石灰1次；场周围及场内污水池、排粪坑、下水道出口，每月用漂白粉消毒1次。在大门口、猪舍门口设消毒池，并定期更换消毒液。工作人员进入生产区净道和猪舍要经过更衣、喷雾或紫外线消毒。大型养猪场严格控制外来人员，必须进入生产区时，要洗澡、更衣、换鞋、消毒后方可进入，并按指定路线行走。每批猪调出后，要彻底清洗干净，用广谱、高效、低毒药液进行喷雾消毒或熏蒸消毒。定期用0.1%新洁尔灭或0.2%~0.5%过氧乙酸对用具进行消毒。

6.饲养管理

传染病患者不得从事养猪工作。场内兽医人员不准对外诊疗猪及其他动物，猪场配种人员不准对外开展配种工作。饲料每次添加量要适当，少喂勤添，要定时定量，每天配制的饲料要用光，防止饲料污染腐败。转群时，按体重大小强弱分群饲养，饲养密度要适宜。每天打扫猪舍卫生，保持料槽、水槽用具干净，地面清洁。定期投放灭鼠药，及时收集死鼠和残余鼠药，并做无害化处理。选择高效、安全的抗寄生虫药定期进行寄生虫防治。猪舍内要调节好温度和湿度，夏季确保通风良好，防暑降温；冬季注意保温，防冻防寒。

7.无害化处理

建立无害化处理设施和病猪隔离区。对可疑病猪和传染病死亡猪的尸体按无害化的方法进行扑杀。猪场废弃物处理实行减量化、无害化、资源化原则。对粪便污水实行固液分离，采用干清粪工艺，通过自然堆腐或高温堆腐处理粪便后做农业有机肥，采用沉淀、曝光、生物膜和光合细菌设施处理污水。推荐猪—沼—果（蔬）生态模式，就地吸收消纳，降低污染，净化环境。在保证生猪饮用水的前提下，尽量减少水的用量，既节约水资源又减少了污水排放。

二 生料喂猪技术

采用生料喂猪，不仅节省人力、财力，而且能增加猪的采食量，促进增重。同时还可减少饲料消耗，提高饲料报酬。

1.生喂饲料的选择

饲料选择可选择禾本科籽实，如玉米、小麦、稻谷以及其加工副产品，如谷糠、麦麸、玉米粉等，这些饲料煮熟后营养物质损失 13% 以上，其饲养效果只相当于生喂的87%。此外，青绿饲料也应生喂，熟喂则大部分蛋白质和维生素遭到破坏。不过豆科籽实饲料，如黄豆、豆饼、花生饼、豆渣等饲料中含有一种抗胰蛋白酶，能阻碍猪体内胰蛋白酶对豆类蛋白质的分解。因此，此类饲料不能生喂，须高温处理后再与其他饲料原料配合饲喂。

2.生喂方式

生喂可分为湿喂和干喂两种，湿喂料与水的比例不能超过 1 : 2.5，否则就会减少消化液的分泌，降低消化酶的活性，影响饲料的消化吸收，较适宜的比例应该为 1 : 1 左右。干喂是以粉状形式饲喂，先投喂干饲料再喂饮水。干喂的好处是饲料不易变质，配一次可喂几天，节省人工，便于制成配合饲料喂猪。喂前要消毒生料，要注意洗净和消毒，以免猪感染寄生虫病。一般用石灰水或高锰酸钾溶液浸泡。含有某些毒素的菜籽饼、棉籽饼、鲜木薯、荞麦等，一般须经粉碎、浸泡、发酵或青贮等工序进行脱毒处理后才可生喂。

精青生料要分开喂。猪饥饿时，消化液分泌最旺盛，精饲料营养丰富，体积小、粗纤维少，适口性好，质量高，易消化，故应先喂精料。如精青料混合喂，则由于青料的体积大，水分多，降低了精料的消化率和吸收率，且青料中过多的水分又能冲淡消化液，从而降低了消化功能。

由熟料改喂生料时，要有一个过渡期。先将 1/3 的料改喂生料，3～5 天后改 2/3，再过 3～5 天全部改喂生料，否则会影响猪的采食和增重。改喂生料的头几天应控制用料量，防止猪因过食而引起消化不良。饲料更换时亦如此，切忌突然更换。

3.生料消毒

生饲料喂猪，要注意洗净和消毒，以免感染寄生虫病。消毒的方法可用石灰水或高锰酸钾溶液浸泡。最好的办法是种植饲料的场地，不用猪粪或未发酵过的粪肥，以防虫卵污染。

4.生料粉碎

生料粉碎颗粒直径以 1.2～1.8mm 为宜，这种粒型猪吃起来爽口，采食量大，长膘快。直径小于 1mm，猪采食时易黏嘴，影响适口性，并易引发胃溃疡；直径大于 2mm，粗糙,适口性差,猪不喜采食。

5.生料用量

生饲料喂猪,喂量因猪生长阶段的不同和生产性能而有所区别。仔猪和育肥猪可任其自由采食;种猪则不然,要定量供应,否则,因采食过量,造成脂肪沉积而影响繁殖:通常非配种期的种公猪,精料日用量要控制在 2~2.5kg,配种期可喂至 3~3.5kg;妊娠期母猪,精料日用量为 2~2.5kg,哺乳期为 5~6kg。

喂干料的猪要供应足够的饮水:冬季饮水量为干饲料的 2~3 倍,春秋季为 4 倍,夏季为 5 倍。特别是哺乳母猪和仔猪更不能缺水,不然会影响母猪的乳汁分泌。

三　母猪饲养管理

1.使母猪白天产仔

在母猪临产前 1~2 天的 8—9 时,于母猪颈部肌肉注射前列烯醇注射液 1~2ml,可使 85%的母猪在次日白天分娩,仔猪成活率可由 90%提高到 98%以上。

2.使母猪在春秋分娩

母猪分娩安排在春秋季,避开严寒的冬天和炎热的夏季,能提高仔猪成活率,实现 2 年产 5 胎。因此,可把第一胎安排在 11—12 月配种,次年 3—4 月产仔;第二胎安排在 5—6 月配种,9—10 月产仔。

3.巧算母猪预产期

母猪正常妊娠期为 108~120 天,平均 114 天。推算母猪预产期的方法是:配种日期加 3 个月再加 3 周和 3 天。如母猪配种日期是 5 月 10 日。预产期则为 5+3=8 月,10+21(3 周)+ 3 = 34 天,即 9 月 3 日。

4.提高母猪产仔率

母猪断奶后 3 天至发情期内,每天每头饲喂复合维生素 B、胡萝卜素各 400mg,维生素 E 200mg,配种后剂量减半,再喂 3 周,可适当提高母猪窝均产仔数。

5.母猪人工催情

公猪诱情,每日把公猪按时关进不发情的母猪圈内 2 小时。通过公猪爬跨等刺激,促使母猪脑下垂体产生促滤泡成熟素,从而发情排卵。此方法对头胎母猪效果最显著。群养催情,把几头母猪关进同一猪圈内,只要其中有一头母猪发情,就能通过气味刺激,引发其他母猪发情。饥饿、运动催情,将母猪喂七成饱,增加其运动量,从而促进性激素分泌,达到催情排卵目的。激素催情,给不发情的母猪肌肉注射三合激素 10~15ml,2~3 天后即可发情。每头母猪一次肌注绒毛膜促性腺激素 800 单位,3~5 天即可发情配种。

6.母猪催乳

将母猪产后的胎盘用清水冲洗干净,切成长 4 ~ 5cm、宽 2 ~ 3cm 的小块,文火熬煮 1 ~ 2 小时,将胎衣连汤拌入稀粥内,从产后第 2 天起,按每天 2 次喂给母猪,喂完为止。历来缺乳的母猪,用木通 30g、当归 20g、黄芪 30g 煎汤,连同煮熟的胎衣一起喂服,效果极佳。

四　仔猪培育

1.初生接产技术

预产期要有专人值班,做好接产准备。仔猪出生后,不宜立即断脐,以免脐血流失,防止感染,脐血与初乳有同等的作用,脐带处理不当极易造成脐疝。一般每窝只能存养 12 ~ 14 头,多则无益。应及时拿走胎衣,以防母猪偷食。

2.调教哺乳技术

仔猪出生后即会寻找乳头吸乳,不会吸吮的要人工辅助。软弱无力的仔猪只要能吸到初乳,半小时后会立即苏醒,以后即正常哺乳。若乳头数少于仔猪数,3 天后自然分出弱小猪并淘汰,以免争奶而影响其他猪的成长,7 天后应注射三联苗等进行常规防疫。

3.训练补料技术

补料宜在 10 日龄后进行,过早,仔猪不会采食造成浪费。在补料时可撒下仔猪颗粒料少许,仔猪先玩后吃,量应由少到多、少喂勤添,逐渐适应。3 日龄应注射铁制剂,哺乳仍照常进行。30 日龄后,随着补料逐渐增加,稍降低母猪饲养标准,泌乳减少,哺乳减少,应给仔猪充足清洁的饮水。小公猪应在 7 日龄去势,留作种用的除外。

4.断奶并群技术

21 ~ 28 日龄,仔猪采食量大增,宜采取一次性断奶,不能拖拉,以便母猪下胎生产。留母留仔均可,保育间一般 6 ~ 8 头,多余的采取"先生取小,后生取大,大小相当,留多并少"的原则,并窝饲养管理,虽有少许打斗行为,但对仔猪伤害较小,照看几小时即可合群。

5.饲料更换技术

仔猪处于"旺食"阶段,应逐渐搭喂自配料。仔猪胃底腺未发育健全,不能制造盐酸,帮助消化吸收植物蛋白,因此这一阶段可以采用熟食,原料用小麦粉、玉米粉、稻谷粉、米饭、炒熟的豆制品等。自配料逐渐增加,颗粒料逐渐减少,熟食习口后,逐渐向生食过渡,必要时可加些食醋,或邻磺酰苯酰亚胺(糖精)以提高适口性。在饲料过渡时要注意千万不能让猪出现腹泻。胃肠功能不适应,极易出现腹泻,若单靠用药,反而不奏效,必须返回到原来的饲料喂几日,待腹泻症状消失后,延期再更换饲料。此期仔猪日龄约在 60 天以上,优者体重应达 30kg。

6.勤观察尿粪

在更换饲料的同时,每日要观察粪尿的变化情况。无论何时,正常小便清亮无色。若饲料中蛋白质过高,粪便溏稀,落地呈轮层状;若粗饲料过多,呈机械刺激性腹泻;若蛋白质含量过低,粪便落地松散易碎,以上均应调整蛋白质含量。细菌性腹泻,主要侵害小肠黏膜及绒毛,失水严重,腹泻物落地边缘不整齐;病毒性腹泻,主要侵害肠黏膜及下层甚至肌层,稀粪中营养代谢物尤其是蛋白质多,表面张力大,落地边缘整齐。每天饲喂 4 顿,每顿半小时后观察,应舔食干净,没有存留。若争食抢食,食后不停叫食,说明料量不足,要及时调整喂量。仔猪千万不能喂水分含量多的青料,尤其是野生水生草料。

7.剔出弱仔单独饲喂

经过一段时间的饲养后,绝大部分仔猪膘肥体壮。少数弱猪、僵猪出现,应单独剔出饲喂。同时给予驱虫、对症治疗,平衡日粮,补充微量元素和维生素。

8.添加药物技术

饲料中添加硫酸亚铁、硫酸铜、锌等可有效防止微量元素缺乏;添喂骨粉、钙粉可防止缺乏钙、磷;添加食盐可维持体内电解质平衡及神经肌肉的正常兴奋性;添加食醋、糖精可改善饲料适口性,提高采食量及增重;外界因素变化时,添加土霉素等抗菌素添加剂,可有效防治有关疾病。

9.防止应激技术

仔猪生长过程中导致应激反应的有争抢乳头,防疫注射,去势阉割,补料断奶,驱虫,并群,调换圈舍,互相打斗,饲养员变换,天气变化,病理刺激,称重捕捉,异常声响,饲料变换等。因此,在生产实践中要正确处理应激因素,尽量减少容易引发猪群应激反应的不适环境刺激,保持良好的生长环境和自由活动空间,有利于健康生长。

五 养猪场的规划和建设

1.场址选择

场址选择涉及面积、地势、水源、防疫、交通、电源、排污与环保等诸多方面,需周密计划,事先勘察,才能选好场址。

面积与地势 要把生产、管理和生活区都考虑进去,并留有余地,计划出建场所需占地面积。地势宜高燥,地下水位低,土壤通透性好。要有利于通风,切忌建到山窝里,否则污浊空气排不出,整个场区常年空气环境恶劣。

防疫 距主要交通干线公路、铁路要尽量远一些,距居民区至少 2km 以上,既要考虑猪场本身防疫,又要考虑猪场对居民区的影响。猪场与其他牧场之间也需保持一定距离。

交通　既要避开交通主干道，又要交通方便，因为饲料、猪产品和物资运输量很大。

供电　距电源近,节省输变电开支。供电稳定,少停电。

水源　规划猪场前先勘探,水源是选场址的先决条件。一是水源要充足,包括人畜用水。二是水质要符合饮用水标准。饮水质量以固体的含量为测定标准。每升水中固体含量在150mg左右是理想的,低于5 000mg对幼畜无害,超过7 000mg可致腹泻,高过10 000mg即不适用。

排污与环保　猪场周围有农田、果园,并便于自流,就地消耗大部或全部粪水是最理想的。否则需把排污处理和环境保护做重要问题规划,特别是不能污染地下水和地表水源、河流。

2.猪场总体布局

总体布局上至少应包括生产区、生产辅助区、管理与生活区。

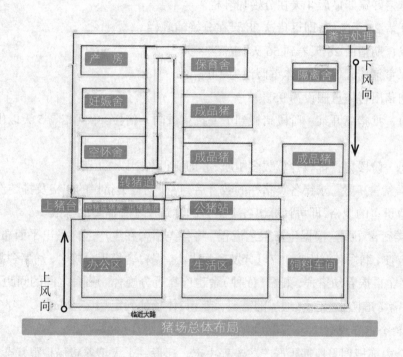

生产区　包括各种猪舍、消毒室(更衣、洗澡、消毒)、消毒池、药房、兽医室、病死猪处理室、出猪台、仓库、隔离舍、粪便处理区等。

生产辅助区　包括饲料厂及仓库、水塔、水井房、锅炉房、变电房、车库、屠宰加工厂、修配厂等。

管理与生活区　管理与生活区应建在高处、上风处，生产辅助区按有利防疫和便于与生产区配合布置。

3. 猪舍总体规划

生产管理特点是"全进全出"一环扣一环的流水式作业。所以，猪舍需根据生产管理工艺流程来规划。猪舍总体规划的步骤是：首先根据生产管理工艺确定各类猪栏数量，然后计算各类猪舍栋数，最后完成各类猪舍的布局安排。

各类猪栏所需数量的计算　生产管理工艺不同，各类猪栏数就不同。所以，这里按规划 100 头母猪场为例，100 头母猪的猪场所需各类猪栏数的计算，首先确定 10 条工艺原则和指标：

①猪每年产 2 窝，每窝断奶育活 10 头仔猪。

②母猪由断奶到再发情为 21 天。

③母猪妊娠期 114 天，分娩前 4 天移往分娩哺乳栏，所以母猪妊娠期只有 110 天养在妊娠母猪栏。

④母猪妊娠期最后 4 天在分娩哺乳栏。

⑤仔猪 28 天断奶，即母猪这 28 天在分娩哺乳栏。

⑥保育期猪由 28 天养到 56 天，也需 28 天。

⑦保育猪离开保育舍，体重假设为 14kg。

⑧肉猪出售体重假设为 95kg。

⑨每一批猪离开某一阶段猪栏到下一批猪进同一猪栏，中间相隔 5 天以供清洗消毒之用。

⑩每一阶段猪栏都较计算数多 10%，亦即所得数乘以 1.1 倍。

各类猪舍栋数　求得各类猪栏的数量后，再根据各类猪栏的规格及排粪沟、走道、饲养员值班室的规格，即可计算出各类猪舍的建筑尺寸和需要的栋数。

各类猪舍布局　根据生产工艺流程，将各类猪舍在生产区内做出平面布局安排。为管理方便，缩短转群距离，应以分娩舍为中心，保育舍靠近分娩舍，幼猪舍靠近保育舍，肥猪舍再挨着幼猪舍，妊娠（配种）舍也应靠近分娩舍。猪舍之间的间距，没有规定标准，需考虑防火、走车、通风的需要，结合具体场地确定（10~20m）。

4. 猪舍内部规划

猪舍内部规划需根据生产工艺流程决定。建设一个大型养猪场是很复杂的，猪舍内部布置和设备牵涉的细节很多，需要多考察几个场舍，取长补短，综合分析比较，再做出详细设计要求。

第二节 肉牛养殖技术

一 饲养场址的选择

肉牛场的选址首先要符合当地畜牧生产规划可持续健康发展的原则,远离居民生活区、水源、工厂、屠宰场、交通要道等,以免对环境造成污染。

1.地势、地形的选择

肉牛场应建在地势高燥、背风向阳、地面平坦稍有微坡的地方,其坡度在 1°~3° 最为理想。土质应选择沙壤土,透水性强,雨水、尿液不易积聚,有利于牛舍和运动场的清洁与卫生干燥,预防蹄病和其他疾病的发生。

2.水源水质的选择

肉牛场必须有一个质好、量多的可靠水源,保障生产生活和人畜饮水,还应考虑消防用水和未来畜牧业的发展。

3.交通与电源

架子牛和大批饲草饲料的购入,肥育牛和粪肥的销售,运输量很大,因此,应建在离公路或铁路较近的交通便利的地方。选择场址时,供电条件也应重视,特别是机械化程度较高的养殖场,应具备可靠的电力供应。

二 品种的选择

肉牛是一类以生产牛肉为主的牛。肉牛品种的选择非常关键,只有选择适合当地养殖环境、符合当地消费习惯、抗病性好、长得快的肉牛,养牛户才能获得理想的效益收入。如西门塔尔牛、夏洛莱牛、安格斯牛及皮埃蒙特牛等。

1.西门塔尔牛

西门塔尔牛原产于瑞士,体躯长,肌肉丰满,前躯发育良好,四肢结实,大腿肌肉发达,乳房发育好,成年公牛体重平均 800~1 200kg,成年母牛 650~800kg。

西门塔尔牛乳、肉用性能均较好,平均产奶量为 4 000~4 500kg,乳脂率 3.9%。该牛生长速度较快,平均日增重可达 1.0kg 以上,胴体肉多,脂肪少而分布均匀,公牛育肥后屠宰率可达 65% 左右。

2.夏洛莱牛

夏洛莱牛原产于法国,大型肉牛品种。被毛乳白色,全身肌肉发达,后臀肌肉特别发达,骨骼结实,四肢强壮。成年活重,公牛平均为 1 100~1 200kg,母牛 700~800kg。日增重可达 1 400g,屠宰率一般为 60%~70%,胴体瘦肉率为 80%~85%。

西门塔尔牛

夏洛莱牛

3.安格斯牛

产地：原产于英国的阿伯丁、安格斯和金卡丁等郡，全称阿伯丁－安格斯牛，是英国最古老的肉牛品种之一。

外貌特征：无角，毛以黑色居多，也有红色。体格低矮，体质紧凑。体躯宽而深，呈圆筒形。四肢短而端正，全身肌肉丰满。

生产性能：具有良好的增重性能，日增重约为 1 000g。早熟易肥，胴体品质和产肉性能均高。育肥牛屠宰率一般为 60%～65%。12 月龄性成熟，18～20 月龄可以初配。对环境适应性好，耐粗、耐寒，性情温和，易于管理。

4.皮埃蒙特牛

产地：原产于意大利北部皮埃蒙特地区，是在役用牛基础上选育而成的专门化肉用品种。20 世纪引入夏洛莱牛杂交而含"双肌"基因，是目前国际上公认的终端父本，已被世界 22 个国家引进，用于杂交改良。

外貌特征：该牛体型高大，体躯呈圆筒状，肌肉发达。毛色为乳白色或浅灰色，公牛肩胛毛色较深，黑眼圈。母牛的尾帚均呈黑色。犊牛幼龄时毛色为乳黄色，鼻镜黑色。

生产性能：生长快，育肥期平均日增重 1 500g。肉用性能好，屠宰率一般为 65%～70%，肉质细嫩，瘦肉含量高，胴体瘦肉率达 84.13%。我国先后从意大利引进冻胚和冻精，育成公牛，采集精液供应全国，展开了对中国黄牛的杂交改良工作。

安格斯牛

皮埃蒙特牛

三　肉牛的饲养与管理

（一）育肥的条件和方法

舍饲牛舍要求温暖干燥，光线充足，空气流通，最适温度为 8～10℃，最低 4℃，最高不超过 20℃。在不同舍饲条件下，肉牛育肥方法极为不同。

目前，舍饲育肥牛饲料有青贮、氨化饲料及糟类等。

1. 处理后的秸秆+精料

秸秆经过化学、生物处理后提高了其饲养价值，改善了适口性及消化率。秸秆氨化技术在我国农区推广范围最大，效果较好。经氨化处理后的秸秆粗蛋白可提高 1～2 倍，有机物质消化率可提高 20%～30%，采食量可提高 15%～20%。

氨化麦秸加少量精料即能获得较好的肥育效果。且随精料量的增加，氨化麦秸的采食量逐渐下降，日增重逐渐增加。

精饲料配方为：玉米 58%、饼粕 20%、蚕豆 10%、小麦麸 10%、骨粉 1%、食盐 0.5%、生长素 0.5%。

育肥期每头每天喂混合料 2～2.5kg。

2. 青贮饲料+精料

青贮玉米是肥育肉牛的优质饲料，据国外研究，在低精料水平条件下，饲喂青贮料能达到较高的增重。

试验证实，晚熟后的玉米秸，在尚未成枯秸之前青贮保存，仍为饲喂肉牛的优质精料，加饲一定量精料进行肉牛肥育仍能获得较好的增重效果。

青贮喂法：青贮饲料是育肥牛经济而良好的饲料，最好是玉米青贮，蜡黄期的玉米青贮营养最丰富。玉米青贮料，牛开始不习惯采食，最初只用少量青贮饲喂，每天可喂 10kg 左右，也可在青贮内加一些食盐、精料等诱其采食，以后逐渐增加喂量，幼年牛可增加到 15～20 kg，成年牛可增加到 20～25kg，最多 30kg，此外，另加 5～6kg 的干草自由采食。精饲料每天可喂 2～2.5kg，到了育肥后期补充精料时，青贮料可适当减少。如果青贮饲料质量很好，可尽量少给精料。食盐必须保证供给，成年牛每日 80～100g，幼年牛 60～80g。通过用大量青贮料加适量精料育肥，其日增重平均可达 0.7kg 以上。

3. 糟渣类饲料+精料

糟渣类饲料包括酿酒、制粉、制糖的副产品，其大多是提取原料中的碳水化合物后剩下的残渣物质，这些糟渣类下脚料，除了水分含量较高（70%～90%）之外，粗纤维、粗蛋白、粗脂肪等的含量都较高，而无氮浸出物含量低，其粗蛋白质占干物质的 20%～40%。属于蛋白质饲料范畴，虽然粗纤维含量较高（多在 10%～20%），但其各种物质的消化率与原料相似，故按干物质计算，其能量价值与糠麸类相似。

4.酒糟育肥（糟牛）

一般选择体重 250kg 左右的幼牛，北方常用玉米糟、啤酒糟等进行酒糟育肥。酒糟的营养物质含量与糟中水分和发酵添加物有关。

水分越高（有时高达 90% 以上）相对营养含量越少，秸秆添加物比高粱壳、稻壳、玉米芯好，后者几乎不能被消化。

酒糟蛋白质含量较高，风干物中约含 20%（17%～35%），脂肪含量较多（3%～5%），维生素 B 族丰富。有人认为，酒糟中含有肉牛未知促生长因子。

用酒糟育肥开始应有一段"适应期"，不断增加给量，使牛适应吃大量酒糟。

育肥期视育肥牛体重大小和酒糟含水量可日喂 25～35kg，玉米秸、干草等粗料 3～10kg，加精补料 1～5kg。（育肥期一头牛喂精饲料 50～100kg，日平均增重可达 1kg 左右，不补精饲料的日平均增重为 0.6～0.7kg）

精补料中注意食盐（成年牛每日 50～60g，幼年牛 40～50g）、钙磷饲料、维生素 A 的补充，为提高适口性可加入糖蜜，为中和酒糟酸性可加入小苏打。

利用酒糟育肥不宜拖得过长，可育肥 6～9 个月。

酒糟育肥牛的注意事项：

①要注意酒糟的成本。

②酒糟不能作为育肥牛日粮的唯一粗料。

③酒糟要鲜喂，夏季鲜糟 2～3 天喂完。

④酒糟量多时可采用干燥、青贮的方法贮存。

利用青贮方法保存时要注意酒糟水分含量，水分高时加入干秸秆、麸皮等使水分调整到 60%～70%。

（二）肉牛的管理

采用"五定"管理方式，即定人员、定量（精料量按每 100kg 体重喂精料 1～1.5kg，不能随意增减）、定时（每天上午 7—9 时，下午 5—7 时各喂 1 次，间隔 8 小时，不能忽早忽晚。上午、中午、下午定时饮水 3 次）、定桩、定刷拭，确保环境的稳定和避免人为应激，及时发现或观察牛的异常现象，及时处理。

牛舍、牛槽及牛场保持清洁卫生，牛舍每月用 2%～3% 的火碱水彻底喷洒一次，对育肥牛出栏后的空圈要彻底消毒，牛场大门口要设立消毒池，可用石灰或火碱水做消毒剂。

冬季要防寒，避免冷风直吹牛体，牛舍后窗要关闭，夏季要注意防暑，避免日光直射，晚上可在舍外过夜（雨天除外）。

每日饮水两次，夏季中午增加一次，饮水一定要清洁充足，每次饲喂时间 2 小时。

每天对牛进行刷拭，以促进牛体血液循环，并保持牛体干净无污染。

四　肉牛的驱虫与防疫

（一）驱虫

由于肉牛以采食粗饲料、牧草为主，与地面和细菌经常接触，极易感染各种寄生虫病，所以肉牛在育肥前必须进行驱虫，以此来提高饲料的转化率，提高养殖收益。

①投药驱虫前最好停食数小时，只给饮水，以利于药物吸收，提高药效。驱虫时间最好安排在下午或晚上进行，使牛在第 2 天白天排出虫体，以便收集处理。驱虫后，应将肉牛隔离饲养 2 周，并对驱虫后 3 天内排出的粪便和一切病原物质进行收集，集中用发酵法（生物热）处理，使之无害化。

②育肥牛在育肥前 2～3 天可采取灌服、皮下注射、涂抹等方法进行科学驱虫，药物可选择伊维菌素、阿维菌素等可同时驱除体内外寄生虫的药物，按说明书的剂量和使用法用药，间隔 7～10 天进行第 2 次驱虫。如果是自繁自养的肉牛，在秋季和深冬用驱虫药物进行两次驱虫。

（二）防疫

给健康牛进行预防接种，可有效预防和抵抗相应传统染病的侵害，根据我国的疫苗研制情况和传染病流行规律制定牛场传染病免疫程序。由于各养殖场畜群免疫应答能力、疫苗选择、免疫时间、免疫次数上的差异，所采取的免疫程序也不尽相同。

下面介绍部分免疫程序，仅供参考，包括免疫时间、疫苗种类、使用方法、预防疾病免疫期。

①1～2 月龄牛，气肿疽灭活疫苗，皮下或肌肉注射，牛气肿疽 1 年。

②4～5 月龄牛，口蹄疫疫苗，皮下或肌肉注射，牛口蹄疫 6 个月。

③4.5～5 月龄牛，巴氏杆菌病灭活疫苗，皮下或肌肉注射，牛巴氏杆菌病 9 个月。

④6 月龄牛，气肿疽灭活疫苗，皮下或肌肉注射，牛气肿疽 1 年。

⑤7 月龄牛，布鲁氏菌病弱毒疫苗，皮下注射，6～8 月龄首免，配种前加强免疫一次。

⑥12 月龄牛，牛出血性败血症灭活疫苗，皮下或肌肉注射，牛出血性败血症 9 个月。

第三节　山羊养殖技术

一　饲养场址的选择

（一）场址选择

根据畜禽的生物学特点：应选择地势高燥、向阳背风、排水良好、通风干燥的地方。

根据防止疾病的要求：无疫病区,远离居民区,离交通干线300m以上。

根据饲料原料的供应要求：羊场周围的饲草、饲料资源充足。

根据畜禽对水质(源)的要求：水源充足,水质良好。

根据商品流通要求：交通便利,通信方便,电力供应好。

(二)羊舍搭建

羊舍应建在地势高且排水性好的地方,另外向阳性这一点非常重要。羊舍还要离地面有一定距离,圈舍面积应以饲养规模来决定,确保每一只羊有充足的活动空间。羊舍外面的羊只活动场所应该是圈舍面积的2倍以上。活动场所内也要配备上饮水槽、食槽等设备。

二　品种选择

种羊应选择个体大、生长速度快、食谱广、饲料(草)报酬高、产肉性能和肉质好、屠宰率高、适应性强的地方品种。根据需要引进优良品种开展杂交利用,生产中常引进波尔山羊做父本与本地母本进行杂交,本地山羊由于数量多、繁殖率高、耐粗饲、适应性强,通过选种选育、提纯复壮,可获得优良的地方品种。

1.新疆山羊

新疆山羊是牛科山羊属的动物,它主要分布在新疆的荒漠地区,能在严峻的气候和不良的饲养条件下终年放牧,且新疆山羊的觅食能力强,具有较强的抗病能力。

2.波尔山羊

波尔山羊原产于南非地区,它是世界上著名的瘦肉品种,具有生长速度快和繁殖能力强的优点。波尔山羊的板皮品质极佳,属上乘皮革原料,能获得高效益。

新疆山羊

波尔山羊

3.辽宁绒山羊

辽宁绒山羊属绒肉兼用型品种,体质健壮,一直以其产绒量高、出绒多、绒细度好和绒纤维长等综合品质优秀而居世界白绒山羊之冠,被誉为"国宝",是我国重点畜禽遗传保护资源。

4.中卫山羊

中卫山羊体质结实,体格中等大小,身体近似方形,且雄性和雌性的中卫山羊都有角,公羊的角较大,现半螺旋形弯曲,而母羊角小,为镰刀形。

辽宁绒山羊　　　　　　　　　　中卫山羊

三　山羊的饲养与管理

（一）山羊的饲养方式

1.完全放牧

基本不补草料、精料,占全区山羊饲养量90%以上。

自由放牧　　自由游走采食,距离远,体力消耗,牧草利用不充分或过度放牧等弊病。

划区轮牧　　根据草地面积和羊群大小,划分为几个山区进行轮流放牧,可充分利用草场,提高载畜量,减少羊群游走距离,有利抓膘保膘。

放牧区:冬春季选择避风向阳的地区,夏秋季选择高山、凉爽、蚊蝇少的地区,如山腰、河流两岸等。

2.放牧+补饲

每天有一定时间放牧,又补饲一定量的草料或精料,占全区山羊饲养量10%以下。

家庭舍饲　　农区农户每户养几只或数十只,主要圈养在专门的棚舍内,每天喂草料2～3次,每天每只35kg青草,枯草季节,每天每只喂1.0～1.5kg青干草。种公羊、哺乳母羊每天补饲精料0.25～0.5kg,多汁饲料10kg左右。

放牧后补饲　　白天放牧,夜间一次精料,或早晚补青干草,尤其怀孕母羊、哺乳母羊需适当补饲。

3.完全圈养

人工饲喂草料、精料,仅有少量的土地供运动用,在山羊饲养中很少见。

（二）饲养管理

1.适度规模分群饲养

山羊放牧对植被有破坏性，所以山羊饲养提倡圈养。肉用山羊养殖的适度规模决定于养殖户的投资能力、市场价格、饲草面积、饲养管理条件和公母比例等诸多因素。实践表明，能繁母羊饲养的最小规模不应低于 20 只，适度规模应为 40～50 只。对于专门从事羔羊育肥的专业大户，养殖规模控制在 100～150 只为宜。

由于种羊、妊娠母羊和羔羊的生产目的不同，对饲草饲料质量和饲养管理条件有着不同的要求，混养容易造成羔羊营养缺乏，使育肥期延长，进而增加饲养成本；种公羊乱交滥配，影响其利用率，甚至导致羊群的整体退化。因此，养殖户应当根据生产的目的、要求和年龄结构对羊群进行合理分群饲养。

2.种植优质牧草

提供营养丰富、适口性好的优质牧草是山羊优质高效养殖的关键。农户可根据自身情况灵活选择，如秋播牧草的品种有冬牧 70 黑麦、黑麦草等，可同时混播少量豆科牧草。播种方式应采用条播或撒播，冬牧 70 黑麦可用机械播种，黑麦草的种子小，一般采用人工播种。春播牧草的品种还有苜蓿、菊苣。菊苣可直播或育苗移栽，而育苗移栽优于直播，育苗于 3 月下旬至 4 月上旬进行，5 月上旬移栽。

3.羔羊舍饲育肥

羔羊育肥的目标是提高日增重和饲料利用率。在保证充足青绿饲料或干草的前提下，补饲矿物质和精料。养殖户可购买山羊矿物质舔砖，将其挂在圈内供羊自由舔食。精料可选用玉米、豆饼等原料自行配制。

4.适宜体重出栏

肉用山羊出栏的适宜体重要根据日增重、饲料利用率、屠宰率等生产性能指标和市场需求来综合判定。出栏体重过低，山羊的生长潜力没有得到充分发挥，产肉量也低；出栏体重过高，虽然产肉量增加，但饲料利用率下降。杂交羊生长的高峰期较本地羊延迟，其适宜出栏体重应比本地羊大。

5.适时免疫驱虫

羊舍内外要经常打扫，并用漂白粉、百毒杀等定期消毒。春秋两季分别用灭虫丁、敌百虫等广谱驱虫药对羊只进行体内外驱虫，并根据本地羊群疫病流行情况选用三联苗或五联苗，羊痘、口蹄疫灭活疫苗，以及传染性胸膜肺炎疫苗等进行定期或不定期防疫。

第四节　土鸡养殖技术

随着生活水平的普遍提高，人们对肉质的需求以追求风味、野味和回归自然为主，以往室内平养的生长快、体型大肉用鸡在市场上销路渐差，取而代之的家鸡（俗称土鸡）备受青睐。

一　土鸡场地建设

1.选择合适的场地

选择适合放养的场地及搭建风雨棚。鸡的生态养殖应远离城区，避免污染，环境安宁清洁，有清洁水源，选择地势较平坦的荒山、灌木林，以果林为主，在林地内地势较高、背风向阳、易防兽害和易防疫病的地方搭建风雨棚。

2.鸡舍搭建

风雨棚可用竹、木搭成"人"字形棚架，顶盖石棉瓦加茅草，四周用竹片等做简易围栏，只要能避雨、避暑、补饲、休息就行。为了便于管理，可在风雨棚旁建值班室和仓库。

3.场地消毒

新场地，育雏室用 5%～10% 石灰水或氯制剂消毒液、2% 烧碱等进行场地喷雾消毒；老场地，地面清扫冲洗，在上述方法的基础上，用高锰酸钾 $14g/m^2$ 加甲醇 $28ml/m^2$ 密闭熏蒸消毒 1～2 天（将饮水器、料桶等用具一起放入消毒）后，开启通风 1～2 天。

4.温度要求

温度是育雏成功与否的关键。进雏鸡前，应提早半天调节好温度，一般育雏舍温度控制在 0～1 周龄 32～33℃，以后每周降 1～2℃，直到 4 周龄后方可脱温。观察温度是否适宜有两个办法：一是看温度表，二是看鸡群状况。鸡群扎堆、紧靠热源、不断鸣叫，表明温度偏低；鸡群远离热源、分布四周、不断张口呼吸，表明温度偏高；鸡群分布均匀、活动自如、比较安静，表明温度较为适宜。

5.选择优质鸡苗

选用优质地方良种鸡，如固始鸡、清远鸡、草科鸡等适应性强、适合放养且符合市场消费需求的品种。最好选择当地的土鸡，体质健壮的鸡苗。一般鸡群活泼、叫声有力、雏鸡头大、眼凸有神、挣扎有力、身体洁净、个体均匀、毛色一致的为优质的鸡苗。

固始鸡

清远鸡

二 土鸡养殖技术

（一）土鸡育雏

1.育雏室准备

一是能很方便地在持续加温1天后任意30分钟内调控室内鸡背高处的温度至35℃，否则极易造成鸡苗的挤堆致死，做到这一点可以使用地面或地下煤道，也可以使用带排气烟桶的煤炉，条件允许时也可用电加热。

二是能人为地调节通风换气，而不是房舍内有孔、洞、缝造成的贼风侵入性通风，这项工作做得好，可以在夏天帮助防暑降温，并减少贼风侵袭造成鸡群发病。

三是方便饲料入舍、粪便出舍和鸡苗扩群，这项工作关系到减少劳动力数量和劳动力强度。地面养殖时还要求地面不潮湿。

育雏室清扫冲洗干净后，用福尔马林＋高锰酸钾密闭熏蒸消毒12～24小时，再打开门窗通风换气。所有用具用0.2%的高锰酸钾溶液清洗消毒后，方可接雏入室。

2.育雏技术

饮水　育雏第一周用温开水，其中加入防治肠道性疾病的药物，如环丙沙星、氟哌酸等和增强免疫机能的多维、葡萄糖等。饮水除非是防疫需要，一般不间断，并且每天两次清洗饮水器具。

开食　雏鸡出壳24～36小时，饮水2～4小时后，约70%的鸡苗有啄食迹象即可开食。开食常用雏鸡保健料，也可用碎玉米、小米、碎大米、碎小麦等，煮至八成熟后再喂，每天喂6次，一周后改为每天喂4～5次，少喂勤添，要定人定时，并培养条件反射。出壳后第4天在饲料中拌些切碎的青菜或嫩草叶，约占饲料总量的1%左右，以后逐渐加大至20%～30%。

温度　温度是育雏成败的关键。温度调节以鸡苗能自然散开为标准。第一周由35℃逐步调节到33℃，第二周再逐步下调至30℃，直到3周后脱温。每天的温度要相对稳定,不能忽高忽低。

湿度　室内湿度过大,将造成病菌数量增加;室内湿度过低,将造成鸡苗脱水,所以应控制湿度在 60% ~ 65%。

光照　0 ~ 3 日龄 24 小时光照,帮助鸡苗适应环境,4 ~ 14 日龄光照 16 ~ 19 小时,15 日龄以后用自然光照。光照强度前强后弱,鸡苗有啄肛、啄羽等啄癖迹象时,可调整用红色灯泡来防止。

密度　0 ~ 4 周龄,20 ~ 25 只 /m²; 5 ~ 7 周龄,15 ~ 20 只 /m²。

通风　以室内空气新鲜为标准,但不能与保温相矛盾。可在晴天中午温度高时逐渐调整通风口大小,通风 1 ~ 2 小时。通风时风不能直接吹到鸡身上。

防疫卫生　主要根据当地疫情及母源抗体情况,按程序免疫鸡马立克氏病、鸡新城疫、传染性法氏囊炎、传染性支气管炎等疫病。同时要注意卫生,要做到勤除粪、勤更换或添加垫料、勤消毒放养场所,应杜绝翻动垫料造成不良气味充盈鸡舍。

（二）土鸡放牧

脱温鸡苗可选择晴天室外风小、温度高时小面积适当放牧,第一次约在 1 小时左右,以后逐步延长放牧时间,直至能全天候放牧,放牧时有以下几项工作要注意。

1.放牧场地准备

根据鸡群大小,应考虑足够放牧场地,全天候放牧时,要有可饲牧草,如白三叶、紫花苜蓿、鲁梅克斯、菊苣、小白菜、甘薯叶等。如果放牧场地没有牧草,可从其他地方获取后投入放牧场地,放牧场地应有能紧急避雨和避阳的地方。

2.放牧

刚放牧时,鸡苗太小,不应放入高出鸡背的草丛中。放牧补料时,可以造成某种特定的声响,培养补食条件反射,以利于收拢鸡群。

三　疾病防治

主要是防治寄生虫、大肠杆菌、葡萄球菌等感染和中毒。寄生虫主要有球虫、滴虫、卡氏白细胞虫等,一般有蚯蚓的地方就有可致鸡病的寄生虫。我们对刚放牧的鸡苗给柴胡、常山的煎汁当饮水,做预防性祛虫,并对放牧场地用 0.02% 烧碱溶液消毒,取得了较好效果。

四　兽害防治

主要防老鹰、黄鼠狼、蛇、猫、狗等。

第五节　鸭的养殖技术

一　鸭场建设

1.鸭场场地的选择

场址选择　鸭场应选择在略为偏僻的地方，附近应有清洁的水源并远离铁路、机场、干线公路、屠宰场、畜禽产品加工厂、农药厂、居民生活区等。但又要邻近交通方便处，以便饲料和产品运输。

地势和土壤　鸭场应选择在地势高、干燥、背风、向阳的地方，向南或向东稍倾斜，要有一定缓坡以便排水；切忌在低洼潮湿之处建场；最好是沙质土壤。

水源　应紧靠河流、水塘、湖泊等，最好是流动水。如缺少水源或水源污染严重，则应在鸭舍前的运动场上砌一个人工浅水池，池深0.3~0.5m，引净水入池，池边应有缓坡。

2.场舍建筑要求

保温隔热性能　鸭舍必须具备良好的保温隔热性能，这对于育雏舍会更为重要。

通风性能　鸭舍采用自然通风或机械通风，以排除舍内污浊的潮湿空气或在夏季降低舍温。

地面防潮与抗消毒性能　不论采用何种饲养方式，舍内地面应具备不渗水、易清扫和抗各种消毒方式的能力，常采用的水泥地面成本虽高，但有利于清洗消毒和卫生防疫。地下水位高的地区，为防止地下潮气上升，可在铺地面前先铺一层油毛毡、塑料布或沥青，以保持地面干燥。

二　鸭的饲养方式

1.地面平养

很多养鸭户以前是养鸡的，其地面平养的条件几乎还是原来养肉鸡的条件，刚开始时由于鸭病少，养殖效益尚可；随着养殖批次的增多，很多养殖户又走入了肉鸡养殖时的误区，鸭病增多、效益低下。

地面垫料饲养投资小，简单易行，垫料应选择吸水性好的黍秸、稻草、刨花为最好；其次可选用麦秸、玉米秸等，厚度一般以5~8cm为宜，运动场地可选择干净河沙铺垫。

2.网上平养

网上平养是一种新型的饲养方式，不设运动场、不设游泳池、不用垫料，全期在网上饲养，肉鸭能在网上觅食、饮水和排泄，发病率低。由于肉鸭胆小，网上养殖时一定要注意棚架垫网的稳定性要高,弹性要小,让鸭子平稳活动。

网上养殖一次性投资较大,具体做法:支架(竹竿、砖垛、钢管等)用钢丝、塑料网等。由于肉鸭胆子小,网上养殖时一定要注意棚架垫网的稳定性要高、弹性要小,让鸭子走起来四平八稳而不是战战兢兢、左右摇摆,否则会导致料肉比增高,影响效益。

3.蛋鸭笼养

蛋鸭笼养模式不仅可以解决传统养殖模式存在的诸多弊端,同时控温笼养与普通笼养比较,可有效降低蛋鸭热应激,提高蛋鸭的生产性能。蛋鸭笼养产蛋性能与平养比无显著影响,饲料转化率提高5%,鸭蛋清洁度提高90%,污水排放大大下降。

三　鸭生产关键技术

1.引进鸭苗

鸭舍建设完成之后,要进行鸭苗的选择,可以在正规的养殖场内采购种鸭,以健康活泼、进食良好、色艳均匀的个体为宜,引进后应该及时注射疫苗,以防止疫病感染,从而对经济造成损失。

2.育雏前的准备工作

育雏前10～15天,把鸭舍内的污水、污物、鸭粪、垫料清扫干净并进行彻底的消毒。

进雏前7天,对消毒好的鸭舍进行通风干燥。

进雏前3天,准备好育雏所用的工具、器具、垫料、开口料、饲料、开口药、疫苗等,尽量避免进鸭后频繁外出。

进雏前1～2天,点炉试温,在雏鸭到达前达到30～32℃。

雏鸭到达前30分钟,要把凉开水、电解多维、开口药事先加到引水器中去,以便小鸭能喝到和鸭舍温度差不多的水,避免生冷饮水导致雏鸭腹泻。

准备好相应的记录表,以便于对鸭群的健康和生长发育情况进行监控。

3.鸭饲养阶段的划分

	育雏期	育成期	产蛋期	商品鸭生长肥育期	饲养管理重点
肉鸭	0～3周			4周至上市	提高生长速度和饲料转化率、上市整齐度,减少死淘率
蛋鸭	0～6周	7～18周	19周至500日		提高产蛋量和蛋品质

4.雏鸭的培育要点

地面育雏　垫料要干燥、清洁、柔软、吸水性强、灰尘少。

网上育雏　可使雏鸭和粪便分离，减少疾病的传播，是集约化和现代养鸭多采用的饲养方式。

| 地面育雏 | 网上育雏 |

5.育雏条件

育雏日龄	高温育雏	适温育雏	低温育雏
1～3日龄	31～33℃	27～30℃	23～25℃
4～6日龄	29～31℃	24～27℃	20～22℃
7～10日龄	26～29℃	21～27℃	18～20℃
11～15日龄	23～26℃	18～21℃	17～18℃
16～20日龄	20～23℃	16～18℃	16～17℃
21日龄以后	18℃左右	16℃左右	14℃以下

湿度　保持育雏舍内清洁、干燥，1～14日龄时相对湿度以60%～65%为宜，14日龄后相对湿度65%～75%。

饲养密度

	饲养方式	1～7日龄	8～14日龄	15日龄后
肉鸭	网上平养	25	20	15
	地面平养	20	15	10
蛋鸭	网上平养	35	25	20
	地面平养	30	20	15

通风　注意通风，保持空气新鲜，但避免贼风。

日常管理要点　注意及时开水、开食。出壳后24小时内应进行第一次饮水。首次饮水后即可开食，可将饲料撒在浅平料盘或塑料布上，让雏禽啄食。

尽早脱温下水　太晚下水必然引起雏鸭出现湿毛现象，易导致感冒。

第一次下水时应有专人看管，以防鸭子湿毛，对于个别全身湿毛的鸭子应及时烘干，第一次下水时间不宜长，逐渐增加时间。

少喂多餐和定时定餐　初生的雏鸭,食道尚未形成明显的膨大部,贮存饲料的容积很小,消化器官还没有经过饲料的刺激和锻炼,消化机能不健全,肌胃的肌肉尚不坚实,磨碎饲料的功能很差,所以要少吃多餐。

分群饲养　不同日龄不同批次的小鸭不能同群饲养,必须按雏鸭的体质和发育情况进行分群管理;每次喂料应注意观察鸭群的采食、采食量及精神状态。

四　肉鸭的饲养管理要点

1.肉鸭品种

我国地域广大,各地养殖条件差异很大,各地较好的肉鸭品种也很多。

北京鸭　北京鸭是世界著名的优良肉用鸭标准品种,该品种体形硕大丰满,头大颈粗,体躯长方形。背宽平,胸丰满,胸骨长而窄。雏鸭绒毛嫩黄色,成年鸭全身白羽。

北京鸭体型较大,性情温驯,合群性强。49日龄平均1 875g,63日龄平均2 625g,平均体重3 100g,料肉比2.3∶1。

天府肉鸭　天府肉鸭广泛分布于四川、云南等十多个省、直辖市,该品种母鸭随着产蛋日龄的增长,颜色逐渐变深,甚至出现黑斑,但初生雏鸭绒毛呈黄色。

商品肉鸭28日龄活重1.6~1.86kg,料肉比(1.8~2)∶1;35日龄活重2.2~2.37kg,料肉比(2.2~2.5)∶1;49日龄活重3~3.2kg,料肉比(2.7~2.9)∶1。

北京鸭　　　　　　　　　　　　　　天府肉鸭

仙湖肉鸭　该品种体型大,全身羽毛洁白而紧凑,头大,额宽,颈粗短,体长,背宽,胸部发达,雏鸭出壳绒毛呈黄色,3周龄以后逐渐变为白色。

目前已育成两个专门化配套品系,专门化母系种鸭49日龄平均体重3.5kg,料肉比2.87∶1;专门化父系种鸭49日龄平均体重3.6kg,料肉比2.75∶1;商品肉鸭49日龄平均体重3.3kg,料肉比2.57∶1。

樱桃谷鸭　樱桃谷鸭是英国樱桃谷农场用北京鸭和阿里斯伯里鸭为亲本经杂交

育成的一种瘦肉型鸭,是当前优质的鸭种,肌肉发达,羽毛洁白,头大额宽,鼻脊较高,喙、胫、蹼均为橙黄色或橘红色。颈粗短,翅膀强健,紧贴躯干。

樱桃谷鸭体型较大,成年公鸭体重 4 ~ 4.5kg,母鸭 3.5 ~ 4kg。父母代群母鸭性成熟期 26 周龄,开产体重平均 3.2kg,母鸭平均产蛋 280 枚;商品鸭 47 日龄平均体重 3.48kg,料肉比 2.28∶1。

仙湖肉鸭

樱桃谷鸭

2.大型肉鸭生长—肥育期的饲养管理

生理特点　商品肉鸭 22 日龄后进入生长—肥育期。此时鸭对外界环境的适应能力比雏鸭期强,死亡率低,食欲旺盛,采食量大,生长快,体躯大而健壮。

喂料喂水、光照　增加饲料能量水平;注意勤填饲料,但不宜过多,以防变质,影响鸭群健康;饮水清洁、卫生;光照不宜过强,封闭饲养采用 10 lx（3W/m²,灯距鸭床 2.4m）,维持 12 小时光照对增重和避免啄羽有利,开放式、半开放式可利用自然光照。

3.饲料配制

肉鸭的填肥主要是用人工强制鸭子吞食大量高能量饲料,使其在短期内快速增重和积聚脂肪。当体重达到 1.5 ~ 1.75kg 时开始填肥。前期料中蛋白质含量高,粗纤维也略高;而后期料中粗蛋白质含量低（14% ~ 15%）,粗纤维略低,但能量却高于前期料。

肉鸭饲养标准

营养物质（%）	肉鸭	
	雏鸭（0 ~ 3 周龄）	生长鸭（3 周龄至屠宰）
代谢能	12.00	13.00
粗蛋白质	22	16
钙	0.8 ~ 1.0	0.65 ~ 1.0
可利用磷	0.55	0.52
蛋氨酸	0.50	0.36
蛋氨酸 + 胱氨酸	0.82	0.63
赖氨酸	1.23	0.89
色氨酸	0.28	0.22

续表

营养物质（%）	肉鸭	
	雏鸭（0~3周龄）	生长鸭（3周龄至屠宰）
苏氨酸	0.92	0.74
亮氨酸	1.96	1.68
异亮氨酸	1.11	0.87
缬氨酸	1.17	0.95
苯丙氨酸	1.12	0.91
精氨酸	1.53	1.2
甘氨酸 + 丝氨酸	2.46	1.9

4. 防止啄羽

为保持良好上市外观，应避免肉鸭啄羽。啄羽原因主要有：光照不足，缺乏蛋氨酸、胱氨酸，饲养密度过大。

5. 适时上市

应多种因素综合考虑：品种、加工目的、饮食习惯、经济效益（超过最佳上市日龄饲料转化率降低，如肉鸭胸肌、腿肌属于晚熟器官，7 周龄胸肌的丰满程度明显低于 8 周龄，如果用于分割肉生产，则以 8 周龄上市最为理想）。

五 蛋鸭的饲养要点

1.蛋鸭品种

我国幅员辽阔，有众多的适合水禽繁育生长的江、河、湖泊和滩涂等自然生态条件，拥有十分丰富的地方水禽品种资源和悠久的水饲养历史，蛋鸭品种很多。主要有攸县麻鸭、连城白鸭、建昌鸭、金定鸭、绍兴鸭、莆田黑鸭和高邮鸭等。

攸县麻鸭

绍兴鸭

2.饲料配制

圈养产蛋母鸭，饲料可按下列比例配给：玉米粉 40%、麦粉 25%、糠麸 10%、豆饼 15%、鱼粉 6.2%、骨粉 3.5%、食盐 0.3%，另外，还应补充多种维生素和微量元素添加剂。

也可以根据养鸭户的能力和条件做一些替换饲料,如缺少鱼粉,可捕捞小杂鱼、小虾和蜗牛等饲喂,可以生喂,也可以煮熟后拌在饲料中喂。饲料不能拌得太黏,达到不黏嘴的程度就可以。食盆和水槽应放在干燥的地方,每天要刷洗一次。每天要保证供给鸭充足的饮水,同时在圈舍内放一个沙盆,准备足够、干净的沙子,让母鸭随便吃。

3. 产蛋期的主要任务

提高产蛋量,减少破损蛋,减少脏蛋,节约饲料,降低死淘率。

阶段	营养	管理要点
产蛋初期（150~200天）和产蛋前期（201~300天）	逐渐提高蛋白质水平	●饲养管理正常时,产蛋率上升快,150日龄左右达50%,200日龄左右进入产蛋高峰期; ●产蛋高峰期尽可能保持长久
产蛋中期（301~400天）	CP17.5%、ME11.3MJ/kg;钙和磷分别为2.9%和0.5%	●提供蛋鸭生产所需的营养物质和稳定、安静、卫生舒适的生活环境
产蛋后期（401~500天）	根据鸭群的体重和产蛋率的变化调整营养水平和给料量	●尽量缓解鸭群产蛋率的下降,产蛋率可维持在75%~80%; ●当产蛋率降至60%左右,鸭群将进入休产期或淘汰

4. 加强夏季和冬季的管理

夏季 防暑降温。

冬季 防寒保暖,保持一定的光照时数。

六 疫病防治措施

保持鸭舍干燥卫生,通风良好,网床下粪便每3天清除一次,舍内每周用氯制剂消毒液消毒一次,舍外环境每旬用烧开碱水喷洒消毒。严防鼠害,禁止猫犬和其他禽类入舍。(7~10日龄雏鸭注射鸭浆膜炎–大肠杆菌多价蜂胶二联苗,在受雏鸭病毒性肝炎威胁地区,还应在15日龄左右注射肝炎高免血清或高免蛋黄液进行鸭肝炎预防)

第六节　鹅的养殖技术

一 鹅场建设

要选好适合的鹅场场址和适应当地环境条件的牧草品种,经营好草场,为养鹅备足草料。鹅是食草家禽,备足草料是发展养鹅的先决条件。种植牧草首先应选择鹅喜食的、营养丰富的,更要求在当地环境条件适宜生长的牧草。

育雏舍 21日龄前的雏鹅体温调节能力较差,因此,育雏舍要有好的保温性能,要求舍内干燥、空气流通但不漏风,窗户面积与舍内地面比例以1:(10~15)为好,屋檐高2m,舍内地面比舍外高25~30cm,用水泥或三合土制成,有利冲洗消毒和防止鼠害。育雏舍前应设运动场,场地平坦而略向沟倾斜,以防雨天积水。

肉鹅舍 肉鹅生长快、体质健壮、抵抗力强,饲养比较粗放,所建造肉鹅舍只要上面遮雨,东西北可以挡风,就可以达到基本要求,寒冷地区要注意防寒。

二 养鹅生产效益

1.鹅业生产特点

鹅产品附加值高 鹅绒、鹅毛、鹅肝。

生长快,饲养周期短 商品肉鹅一般80天左右可以上市。

养鹅投资少,见效快 放牧饲养;可充分利用天然的放牧场地、田间地垄、树林、湖泊等地;养鹅,成本低。

以草为主,耗料少(种草养鹅) 强健的肌胃、发达的盲肠和比身体长10倍的消化道;放牧情况良好的情况下,肉用仔鹅的料肉比(精料与产肉量比)超过一头肥猪的3倍。

2.鹅品种

狮头鹅 是我国鹅种中体型最大的品种,是世界三大重型鹅种之一。原产于广东饶平县,主产区在澄海和汕头市郊。成鹅公鹅体重达10~12kg,最重可达17kg。母鹅体重达8~10kg,最重可达12kg。

皖西白鹅 原产于安徽西部丘陵山区的霍邱和寿县,该鹅种已有400多年的饲养历史。其具有生长快、觅食力强,耐粗饲、肉质好和羽绒品质优良等特点。成年公鹅体重5.5~6.5kg,母鹅5~6kg。

狮头鹅

皖西白鹅

莱茵鹅 原产于德国莱茵河流域的莱茵州,在欧洲各国广泛饲养。目前我国最大的莱茵鹅基地在贵州印江县。全身羽毛洁白,喙、胫、蹼呈橘黄色,具有欧洲鹅种的典型特征。成年公鹅体重5~6kg,母鹅4.5~5kg。

朗德鹅 原产于法国西南部的朗德省。主要用于肥肝生产。胫粗大,较直,成年鹅背部毛色灰褐,颈背部接近黑色,胸部毛色浅,体躯呈方块形,胸深,背阔。脚和喙橘红色,稍带乌。成年公鹅体重 7~8kg,母鹅 6~7kg。

莱茵鹅　　　　　　　　　　　朗德鹅

三　鹅的生物习性

鹅1/3的时间在水中生活,合群性显著,鹅能大量觅食天然饲草或青贮饲料,每只成年鹅每日可采食青草2kg。雏鹅从1日龄起就能吃草。若舍饲,可种植优质牧草喂鹅,保证青绿饲料供应充足。耐寒性强,一般鹅在0℃左右低温下,仍能在水中活动。生活规律性强,放牧饲养时,放牧、交配、采食、洗羽、歇息和产蛋都有比较固定的时间。

四　鹅的饲料及配制

1.鹅的营养需要

水:"好草好水养肥鹅";蛋白质:常用豆粕、蚕蛹等作为蛋白质来源;碳水化合物:玉米、麦麸;维生素:添加多维;脂肪:油枯;矿物质。鹅常用青绿饲料:各种野草、牧草、叶类蔬菜(如莴苣叶、卷心菜、青菜等)及块根茎类(如萝卜、甘薯、南瓜、大头菜等)饲料等。

2.配制鹅饲料

各类饲料的大致用量:籽实类及其加工副产品 30%~70%,块根茎类及其加工副产品(干重)15%~30%,动物性粗蛋白 5%~10%,植物性粗蛋白 5%~20%,青饲料和草粉 10%~30%,钙粉和食盐酌加,并视具体需要使用一些添加剂。

饲料混合形式有以下几种:

①粉料混合:将各种原料加工成干粉后搅匀,压成颗粒投喂。这种形式既省工省时,又防止鹅挑食。

②粉、粒料混合:即日粮中的谷实部分仍为粒状,混合在一起,每天投喂数次,含有动物性蛋白、钙粉、食盐、添加剂等的混合粉料另外补饲。

③精、粗料混合:将精饲料加工成粉状,与剁碎的青草、青菜或多汁根茎类等混匀

投喂,钙粉和添加剂一般混于粉料中,沙砾可用另一容器盛置。用后两种混合形式的饲料饲喂鹅时易造成某些养分摄入过多或不足。

五 肉鹅饲养管理技术

肉用仔鹅的生产周期:育雏期(0~4周龄)、育成期(4~8周龄)、育肥期(8~10周龄)。

1.育雏前准备

①育雏室的门窗、墙壁、地板检查是否完好,如有破损应及时修好。

②准备好保温设备,如竹筐、保温伞、红外线灯泡、纸箱、饲料、垫料(稻草、锯木或刨花)及水槽等。

③育雏前1~2天试温,检查育雏室的保温条件。育雏前应做好环境和用具的清洁、消毒工作。

2.雏鹅的选择

孵化发育良好者表现为:重量适中,卵黄吸收好,脐部收缩良好,毛干后能站立,叫声洪亮,毛色光亮,活泼,眼睛明亮有神且灵活。

孵化发育不良者表现为:重量较轻或过重,脐部收缩不良,卵黄吸收欠佳,呈现大肚脐或钉脐并带有血污,软弱无力,叫声尖而低,毛干燥,眼睛无神。这些小鹅难以饲养,应予淘汰。

3.育雏方式的选择

垫草平养 将雏鹅饲养在3~5cm厚的垫草上,常见的是水泥地面,或者地势较高、干燥的地面。

网上平养 把雏鹅养在离地面50~60cm高的网上的一种育雏方式。材料可用铁丝网、竹板网和市场上出售用于养殖的塑料网。(成活率高,温度均匀,但投资大)

网上育雏与地面育雏相结合 可采用网上笼养育雏与地面垫料育雏相结合,春秋季在网上饲养至4~5天、冬季8~10天转到地面育雏室饲养。

4.育雏期饲养管理要点

开水、开食 出壳后12~24小时内应让其采食,开食时可将饲料撒在浅食盘或塑料布上,让其啄食。出壳后的24~36小时,应该及时让鹅饮水。

雏鹅绒羽干燥蓬松,在热源周围分布均匀是温度合适的表现。

育雏期间湿度一般前期控制在60%~65%,后期以65%~70%为宜。

尽早脱温下水 4~5日龄后可将雏鹅放到育雏室外的活动场地上放养。7日龄后的雏鹅,选择晴天,把鹅赶到浅水边让其自由下水,放水时间逐渐增加。第一天重复3~5次下水过程,第二天下水不会再有问题。

我国南方一般在冬季、早春气温较低时,7~10日龄后逐渐降低育雏温度,到10~14日龄达到完全脱温;而在夏秋季节则到7日龄可完全脱温。

饲料供给　用料筒喂料(全价配合饲料),饲槽喂草,自由采食,随日龄增长逐步增加饲喂量并减少饲喂次数;第1天饲料量按7g/只,以后每天递增5~10g/只。

饲养密度　一周内15~20只/m²,逐渐降低至4周龄5~6只/m²。

不同周龄雏鹅适宜的饲养密度 （单位:只/m²）

类型	1周龄	2周龄	3周龄	4周龄
中小型鹅种	15~20	10~15	6~10	5~6
大型鹅种	12~15	8~10	5~8	4~5

5.育成期的饲养管理

放牧饲养　14日龄后开始选择晴天赶鹅到草地上放牧,晒晒太阳,适应环境。一般上下午各一次,中午应回舍休息。要有清洁的水源,避免鹅在外长时间受热和受冷。

"三防":

一防中暑雨淋,热天不能长时间烈日下放牧,要多饮水;

二防惊群,育成鹅对外界敏感,要防止其他动物的骚扰,以免鹅受到惊吓;

三要防中毒,注意牧草在喷洒农药后,要经过一次大雨淋后才能放牧。

舍饲　饲料采用生长期鹅料,喂料量为每只每天200g,每天喂料5次;1只鹅1天需1~1.5kg青饲料。

每天早上6:30左右(根据季节调整)将鹅赶到运动场,先喂饲料后喂青草。

饲养密度控制在2~3只/m²。

运动场内应经常堆放沙砾,以防鹅的消化不良。

6.育肥期的饲养管理

60日龄时进行育肥。

放牧育肥　农作物收割时放牧,收割完,鹅也育肥了。以放牧为主的鹅群,利用作物收割后的残留颗粒进行育肥,是最经济实惠的育肥方法。

舍养育肥　采用全价配合饲料自由采食。每周每只鹅在原来喂料量的基础上增加50g,每日喂料次数5次,饲草自由采食。

填饲育肥　用玉米粉食为团,每天3次填饲,10天即育肥。

六　鹅常见病及预防

1.小鹅瘟

由小鹅瘟病毒引起。1~60日龄的小鹅均易发病,其中1~20日龄和30~40日龄是发病的高峰期。

该病发生有周期性,死亡率30%～40%,高达70%左右。病鹅精神沉郁,吃草减少或衔草不吃,拉灰白色粪便,脱水消瘦,不能站立,滑冰样运动,一般5～8小时死亡。慢性病鹅可见腊肠粪。

防治:

①搞好孵坊和鹅舍的消毒。

②刚孵出的雏鹅每只注射高免血清1ml免疫,治病时皮下注射1.5ml。

③母鹅注射鸭胚弱毒苗100倍稀释液1ml;或鹅胚弱毒苗100倍稀释液给母鹅注射,500倍稀释液给小鹅滴鼻免疫。

④鸡鸭制备的卵黄抗体每只1ml,腿部皮下注射,防治效果达90%以上。

　2.小鹅流行性感冒

由鹅流行性感冒志贺氏杆菌引起。主要危害30日龄左右的幼鹅,传染快,死亡率高。病鹅食欲减退,流鼻涕,下痢,缩头嗜睡,伏卧怕冷,不断摇头,羽毛乱,两脚瘫软无力。

防治:注意环境清洁卫生,防寒保暖。病鹅按每千克体重用青霉素4万单位或氯霉素12～15mg,肌注,每天2次,连用2天;磺胺嘧啶片每只每次0.25mg,1次内服;敌菌灵按鹅每千克体重30mg,1次内服,每天2次。

　3.曲霉菌病

由烟曲霉和黄曲霉引起,多发于雏鹅。病鹅精神萎靡,缩头闭眼,减食口渴,气喘,流鼻液,消瘦,体温升高,后期下痢。

防治:

①不使用发霉垫料和饲料,鹅舍严格消毒,通风良好。

②多雨潮湿季节,每只雏鹅每天用制霉菌素2～3mg,拌入料中饲喂,连用3天。治疗病鹅用量加倍。

　4.鹅卵黄性腹膜炎

由大肠杆菌引起。病鹅精神沉郁,离群落后,减食,肛门外粘污物,粪便带蛋清或凝团的蛋白且发臭,停止饮水,衰竭死亡。病程2～6天。

防治:搞好鹅舍卫生,及时隔离病鹅。按鹅每千克体重用链霉素50～200mg,或氯霉素10～30mg,卡那霉素10～15mg,壮观霉素30～40mg,1次肌注,每天2次。也可用呋喃唑酮每只25mg,拌入料中饲喂。

　5."预防为主,防重于治"

加强日常的饲养管理,搞好防疫卫生、预防接种、检疫、隔离、消毒、及时治疗和尸体处理等综合性防治措施;制定符合实际情况的免疫程序。

第七节　畜禽传染病防治技术

非洲猪瘟、口蹄疫、猪瘟、禽白血病、鸡白痢、高致病性禽流感等畜禽主要疫病,一旦暴发,会造成严重的经济损失,危及畜产品安全,必须采取监测、免疫、消毒及生物安全等为主的综合性措施,保护易感畜禽。

一　传染病的防治措施

1.传染病预防和扑灭工作的基本原则

①建立和健全各级动物防疫监督机构,充分发挥防疫机构和工作人员的作用,以保证动物防疫措施的贯彻。

②认真贯彻国家有关的兽医法规,依法管理畜禽传染病防治工作。

③坚持"预防为主"的方针,搞好饲养管理、预防接种、检疫、隔离、消毒等综合性的防疫措施。

④完善各项防疫措施,消除传染病发生和流行的条件。

2.平时的防疫措施

①加强饲养管理。

②预防接种。

③药物预防。

④检疫。

⑤消毒、杀虫、灭鼠。

3.发生疫情时的扑灭措施

①疫情报告。

②诊断(流行病学诊断、临床诊断、病理学诊断、微生物诊断、免疫学诊断)。

③隔离。

④封锁(病禽群、可疑感染群、假定健康群)。

⑤紧急接种。

⑥治疗和淘汰。

⑦尸体处理(针对病原微生物、动物机体)。

二　非洲猪瘟

非洲猪瘟(简称 ASF)是由非洲猪瘟病毒感染引起的猪的一种急性、热性、高度接触性动物传染病,所有品种和年龄的猪均可感染,发病率和死亡率最高可达 100%,且目前全世界没有有效的疫苗,是世界动物卫生组织(OIE)法定报告的动物疫病,我国将其列为一类动物疫病。

1.症状

①高热:40.5~42℃。

②皮肤发紫,有出血点。

③无症状死亡。

④呕吐、粪便带血。

2.防治

非洲猪瘟防控措施

①养猪场防控措施。

②猪产品商家:禁止非法走私买卖活动。

③运输生猪承运人:彻底消毒运输车辆。

④出国旅游或工作人员:禁止从疫区携带相关猪肉制品进境。

⑤广大消费者:不感染人,正规渠道购买可放心食用。

⑥兽医部门人员:严格守法执法,尽职尽责,全力以赴,科学宣传、排查、检疫监督、防控。

养殖场防控措施

①严禁从疫区调运生猪及相关猪产品。

②严禁泔水喂猪及使用同源蛋白饲料。

③做好安全防护,避免家猪与野猪、钝缘软蜱接触。

④严格内部管理,生产区与生活区安全隔离,不在饲养区内吃饭,减少非工作人员与猪直接接触次数。

⑤采用全进全出的饲养方式,建立严格的卫生消毒制度,提高本场的生物安全水平。

⑥一旦出现不明原因死亡增多且有猪瘟类似症状,及时上报当地兽医部门。

⑦一旦确诊,要配合兽医部门对疫点内的生猪全部扑杀,并对病死猪和扑杀猪进行无害化处理。

⑧离场处理废弃物,一次性防护装备放入高压灭菌袋,密封,喷洒消毒药物,使用过的刀片、剪刀等放入盛有消毒药的密闭锐器盆,车辆内外部喷洒消毒。

三　口蹄疫

口蹄疫俗称口疮、蹄癀,是由口蹄疫病毒引起的一种急性、热性、高度接触性传染病。黄牛最易感染,其次为猪、羊等,人也可感染。口蹄疫传播快、流行广、发病率高,同一时间内往往牛、羊、猪一起发病。

1.症状

牛　潜伏期最短1天，最长7天，平均2~4天。迅速发病，波及全群。病初体温升高到40~41℃。病牛沉郁、减食，在口腔、上下牙龈、舌面、鼻镜发生小水疱，随后水疱融合增大或连成片，在蹄趾间、蹄冠皮肤、乳头上也发生水疱和肿痛。水疱破裂后，体温随之下降。水疱液为透明淡黄色，继而变为浑浊。口腔的水疱破裂后露出鲜红色烂斑，流出大量泡沫性口涎，挂在口角或上下唇，甚至拉成丝状掉落到地面。病牛张嘴有吸吮声，疼痛不敢吃草；蹄趾肿痛而发生跛行。

羊　潜伏期一周左右，症状和牛口蹄疫基本相同，但较轻。绵羊水疱多见于蹄部；山羊水疱多见于口腔，呈弥漫性口炎，水疱多发于硬腭与舌面。羔羊常因出血性胃肠炎和心肌炎而死亡。

猪　潜伏期1~2天。病猪以蹄部水疱为主要特征，病猪体温升高。蹄冠、蹄踵、副蹄和蹄趾间发生水疱，破溃后露出鲜红色烂斑，体温下降。严重者蹄壳脱落，跛行或不能站立。30%~40%病猪在鼻和口腔黏膜上有水疱或溃烂，并有流涎。仔猪常因发生严重的心肌炎而死亡。

2.防治

预防本病除采取一般防疫措施外，要特别注意不从疫区购买猪头、蹄、内脏等。受威胁的地区可进行免疫接种。口蹄疫疫苗有灭能苗和弱毒苗、亚单位苗等。发现口蹄疫须按"早、快、严"原则，封锁疫区、扑灭疫情，并立即上报。

四　猪瘟

猪瘟是由猪瘟病毒引起的猪的一种高度传染性的疫病。不同年龄、品种的猪均可感染，一年四季均可发生，病毒可通过各种途径传播。病猪、病愈后带毒猪、潜伏期带毒猪、外表健康感染猪为传染源。在饲养管理不良、猪群拥挤、免疫不当的猪场，常引起流行。

1.分型

根据病情长短、临床症状和其他特征，可分为最急性型、急性型、慢性型和迟发型。

最急性型　突然发病，高热稽留41~42℃，无明显症状，很快死亡。

急性型　病猪精神沉郁，减食或厌食，伏卧嗜睡，行动迟缓，摇摆不稳。体温升高到40.5~42℃，眼呈结膜炎。病初便秘，随后腹泻或交替发生，有的发生呕吐。病初在腹下、耳和四肢内侧等部位皮肤发生出血，后期为紫色。公猪包皮发炎，挤压时流出白色恶异臭浑浊尿液。有的猪有神经症状，病程7~12天。

慢性型　早期有食欲不佳、精神沉郁、体温升高等症状。几周后食欲和一般状况显著改善,体温降至正常或略高于正常。后期食欲不振、精神沉郁、体温再次升高直至临死前才下降。未死的病猪生长迟缓。

迟发型　本身不表现症状,但病毒可通过胎盘传给胎儿。导致流产、早产、死产、木乃伊、畸形、产出有颤抖症状的弱仔或外表健康的感染仔猪,病猪体温正常,大多数能存活较长时间,但最终以死亡告终。

2.防治

平时预防措施　加强饲养管理,坚持自繁自养,做好猪舍的清洁卫生和消毒工作。搞好免疫接种,对大多数散养户采用春、秋两季集中免疫;对专业化猪场指定合理免疫程序,进行免疫接种。免疫程序在当地兽医指导下制定,有条件的猪场可定期做抗体监测,依抗体水平的高低决定免疫时间。

发病时的紧急措施　发生疫情时应及早诊断,立即隔离病猪,严格消毒,对疫区内假定健康猪和受威胁区的猪可加大免疫剂量进行紧急免疫接种。

五　禽流感

按病原体的致病特征,禽流感可分为非致病性、低致病性和高致病性三大类。非致病性禽流感不会引起明显临床症状,仅诱导受感染的禽鸟体内产生抗体。低致病性禽流感可使禽类出现轻度呼吸道症状,食量减少,下痢,产蛋量下降,出现零星死亡。高致病性禽流感是一种由 A 型流感病毒引起的鸡的急性、热性、高度接触性传染性疾病,被世界动物卫生组织定为 A 类传染病,我国定为一类传染病,又称真性鸡瘟或欧洲鸡瘟。不仅是鸡,其他一些家禽如鸭、鹅、鸽和野鸟都能感染。高致病性禽流感通常无典型临床症状,发病急,体温升高,食欲废绝,伴有出血综合征,死亡率高达100%,对养禽企业能造成毁灭性的打击。

1.症状

可以使禽类出现轻度的呼吸道症状,常见的症状有食量减少、产蛋量下降、出现零星的死亡现象等。高致病性禽流感:发病的速度较快,发病后禽类的体温升高、食欲废绝,伴有出血综合征,并随之死亡,其死亡率一般高达100%,能够给养殖禽类的企业造成毁灭性的打击。

2.防治

生活区、生产区和污染区三大功能区之间设立隔离带,同一养禽场内只能饲养一种类型的家禽,严禁鸡、鸭、鹅、鸽子及野生鸟类混养。平时要对禽舍、环境严格消毒,粪便做无害化处理,彻底切断传播途径。发生疫情后,要立即向当地兽医防疫管理部门报告,病死禽鸟类不能转移,不要随意丢弃,对捕杀的禽只做焚烧掩埋处理,防止疫情扩散蔓延。建场时禽舍与人居住的场所要保持距离,搞好环境卫生。

六　禽霍乱

禽霍乱也叫禽巴氏杆菌病或禽出败，是由多杀性巴氏杆菌引起的一种多种禽类，包括鸡、鸭、鹅、火鸡等的急性败血性传染病。该病一年四季均可发生，以春、秋两季多见。主要通过消化道和呼吸道进行传播。饲养管理不良，鸡群抵抗力低，病菌毒力增强，都可促使禽霍乱发生流行。

1.症状

最急性型的禽霍乱，无任何症状便突然倒地挣扎死亡，鸡群中仅见个别鸡的鸡冠呈蓝紫色。最常见的是急性型禽霍乱，病鸡拱背缩头，羽毛松乱，鸡冠及肉髯呈蓝紫色，体温高达43~44℃，口鼻流出泡沫状的黏液，拉黄色、灰色或淡绿色稀粪，产蛋鸡停止产蛋，最后痉挛或昏迷而死。慢性病鸡表现为消瘦、贫血、慢性呼吸道炎症和慢性肠胃炎，肉髯肿大，并且常伴有关节炎，脚趾麻痹，跛行。

2.防治

平时加强饲养管理是预防禽霍乱的关键措施。巴氏杆菌常存在于禽类的上呼吸道，一般不引起鸡只出现症状，但应激或禽群抵抗力下降，便会引起禽群发病。预防可接种弱毒或灭活疫苗。治疗可选用敏感的抗菌类药，如四环素类药、喹诺酮类药等。群体治疗时，可将抗菌类药混于饮水或饲料中，连用3~4天。

第六章

食用菌栽培技术

第一节　香菇栽培技术

香菇栽培历史悠久，是我们常见的菌类，营养价值丰富，市场需求非常大，目前很多种植户都是人工栽培。香菇的功效和作用有补肝肾、健脾胃、益气血、益智安神、美容养颜，还可化痰理气，益胃和中，解毒，抗肿瘤，托痘疹。主治食欲不振、身体虚弱、小便失禁、大便秘结、形体肥胖、肿瘤疮疡等病症。

香菇

香菇栽培

知识拓展

食用禁忌

1. 香菇和鹌鹑肉、鹌鹑蛋，会使面部易长黑斑。

2. 香菇和河蟹，容易引起结石症状。

3. 香菇和番茄，会破坏类胡萝卜素。

4. 长得特别大的鲜香菇不要吃，因为它们多是用激素催肥的，大量食用可对机体造成不良影响。

一　生长发育条件

1. 营养

香菇以多种有机氮和无机氮作为氮源，小分子的氨基酸、尿素、铵等可以直接吸收，大分子的蛋白质、蛋白胨就需降解后吸收。香菇菌丝生长还需要多种矿质元素，以磷、钾、镁最为重要。香菇也需要生长素，包括多种维生素、核酸和激素，这些多数能自我满足，只有维生素 B_1 需补充。

2. 温度

香菇属变温结实性菌类。菌丝生长温度范围较广，为 5 ~ 32℃，适温为 25 ~ 27℃，籽实体发育温度在 5 ~ 22℃，以 15℃左右为最适宜。变温可以促进籽实体分化。温度过高,香菇生长快,但肉薄柄长质量差;低温时生长慢,菌盖肥厚,质地较密;特别在4℃雪后生长的品质最优,称为花菇。

3.湿度

香菇菌丝生长期间湿度要比出菇时低些,适宜菌丝生长的培养料含水量为60%~65%,空气相对湿度为70%左右,出菇期间空气相对湿度保持85%~90%为适宜,一定的湿度差有利于香菇生长发育。

4.光线

香菇是好光性菌类。香菇菌丝虽在黑暗条件下也能生长,但籽实体则不能发生,只有在适度光照下,籽实体才能顺利地生长发育,并散出孢子。但强烈的直射光对菌丝生长和出菇都是不利的。光线与菌盖的形成、开伞、色泽有关。在微弱光下,香菇发生少、朵形小、柄细长、菌盖色淡。

5.酸碱度

香菇菌丝生长要求偏酸的环境。菌丝在 pH 值 3~7 之间都可生长,以 pH 值 4.5 上下最为适宜。栽培香菇时,场地不宜碱度过大。用水喷洒时,要注意水质;防治病虫害,最好不用碱性药剂。

二　播种期的安排

在进行接种时,应该将温度控制在 10~15℃之间,南方地区可选在 3 月左右进行。接种前要先在菇树上打好接种穴,对于相邻的穴要控制在距离断面 6cm,穴的直径要在 15mm 左右,深度和直径差不多。将接种穴打好后要尽快接种,不然水分流失,还会有病菌的侵入。完成接种工作后要封口,可用蜡封口,也可以盖上木板并敲紧。

三　菌袋的培养

指从接完种到香菇菌丝长满料袋并达到生理成熟这段时间内的管理。菌袋培养期通常称为发菌期。

(一)发菌场地

可以在室内(温室)、阴棚里发菌,但要求发菌场地要干净、无污染源,要远离猪场、鸡场、垃圾场等杂菌滋生地,要干燥、通风、遮光等。进袋发菌前要消毒杀菌、灭虫,地面撒石灰。

(二)发菌管理

调整室温与料温向利于菌丝生长的方向发展。气温高时要散热防止高温烧菌,低时注意保温。翻袋时,用直径 1mm 的钢针在每个接种点菌丝体生长部位中间,离菌丝生长的前沿 2cm 左右处扎微孔 3~4 个;或者将封接种穴的胶黏纸揭开半边,向内折拱一个小的孔隙进行通气,同时,挑出杂菌污染的袋。发菌场地的温度应控制在 25℃

以下，夏季要设法把菌袋温度控制在 32℃以下。菌袋培养到 30 天左右再翻 1 次袋。在翻袋的同时，用钢丝针在菌丝体的部位，离菌丝生长的前沿 2cm 处扎第二次微孔，每个接种点菌丝生长部位扎一圈（4～5 个）微孔。

由于菌袋的大小和接种点的多少不同，一般要培养 45～60 天菌丝才能长满袋。这时还要继续培养，待菌袋内壁四周菌丝体出现膨胀，形成皱褶和隆起的瘤状物，且逐渐增加，占整个袋面的 2/3，手捏菌袋瘤状物有弹性松软感，接种穴周围稍微有些棕褐色时，表明香菇菌丝生理成熟，可进菇场转色出菇。

四 出菇管理

香菇菌棒转色后，菌丝体完全成熟，并积累了丰富的营养，在一定条件的刺激下，迅速由营养生长进入生殖生长，发生籽实体原基分化和生长发育，进入了出菇期。

（一）催蕾

香菇属于变温结实性的菌类，一定的温差、散射光和新鲜的空气有利于籽实体原基的分化。这个时期一般都揭去畦上罩膜，出菇温室的温度最好控制在 10～22℃，昼夜之间能有 5～10℃的温差。空气相对湿度维持在 90% 左右。条件适宜时，很快菌棒表面褐色的菌膜就会出现白色的裂纹，不久就会长出菇蕾。

（二）籽实体生长发育期的管理

菇蕾分化出以后，进入生长发育期。不同温度类型的香菇菌株籽实体生长发育的温度是不同的，多数菌株在 8～25℃时，籽实体都能生长发育，最适温度在 15～20℃，恒温条件下籽实体生长发育很好。要求空气相对湿度 85%～90%。随着籽实体不断长大，要加强通风，保持空气清新，还要有一定的散射光。

五 采收

当籽实体长到菌膜已破，菌盖还没有完全伸展，边缘内卷，菌褶全部伸长，并由白色转为褐色时，籽实体已八成熟，即可采收。采收时应一手扶住菌棒，一手捏住菌柄基部转动着拔下。

六 采后管理

整个一潮菇全部采收完后，要大通风一次，使菌棒表面干燥，然后停止喷水 5～7 天，让菌丝充分复壮生长，待采菇留下的凹点菌丝发白，根据菌棒培养料水分损失确定是否补水。

当第二潮菇采收后，再对菌棒补水。以后每采收一潮菇，就补 1 次水。补水可采用浸水补水或注射补水。重复前面的催蕾出菇的管理方法，准备出第二潮菇。第二潮菇采收后，还是停水、补水，重复前面的管理，一般出 4 潮菇。

七 病虫害及杂菌的综合防治

1.环境上防控

棚室内及周围环境不想保持干净整洁，室内地面要撒施石灰粉吸潮，并定期打杀虫剂。菇棚或生产区尽量远离饲养场、垃圾场等环境较差的地方，以避免虫害的传播。

2.生产环节上的防控

原料在使用时要暴晒、发酵处理。拌料时注意选用洁净的水源，在制作菌袋时要扎紧料袋口，并彻底消毒。

第二节 平菇栽培技术

平菇是一种食用菌，含丰富的营养物质，具有追风散寒、舒筋活络的功效。用于治腰腿疼痛、手足麻木、筋络不通等病症。另外，对预防癌症、调节妇女更年期综合征、改善人体新陈代谢、增强体质都有一定的好处。

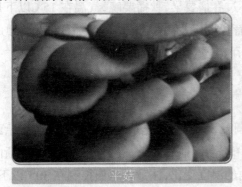
平菇

平菇栽培

知识拓展

食用禁忌

1. 有皮肤瘙痒等疾病患者勿食。

2. 菌类食用过敏者忌食，气郁体质、特禀体质忌食。

3. 泌尿系统疾病、传染性疾病、五官疾病、神经性疾病患者忌食。

一 平菇高产高效栽培技术

（一）菇房建造

可把现有的空房、地下室等，改造为菇房。有条件的也可以新建菇房。菇房应坐北朝南，设在地势高、靠近水源、排水方便的地方。菇房大小以房内栽培面积 $20m^2$ 为宜。屋顶、墙壁要厚，门窗安排要合理，有利于保温、保湿、通风和透光。内墙和地面最好用石灰粉刷,水泥抹光,以便消毒。

(二)菇房消毒

菇房在使用前要消毒,特别是旧菇房,更要彻底消毒,以减少杂菌污染和虫害发生。每 100m³ 菇房用硫黄 500g、敌敌畏 100g、甲醛 200kg,与木屑混合加热,密闭熏蒸 24 小时。100m³ 菇房用甲醛 1kg、高锰酸钾 500g,加热密闭熏蒸 24 小时。喷洒 5% 的苯酚溶液。喷洒敌敌畏 800 倍液。

(三)播种

平菇的播种方法很多,有混播、穴播、层播和覆盖式播种等。

层播:床面上铺一块塑料薄膜,在塑料薄膜上铺一层营养料,约 5cm 厚,撒一层菌种,铺一层营养料,再在上面撒一层菌种,整平压实。床面要求平整、呈龟背形。一般每平方米床面用料 20kg 左右,厚度 10~15cm。在播种前,应先将菌种从瓶内或塑料袋内取出,放入干净的盆内,用洗净的手把菌种掰成枣子大小的菌块,再播入料内。播种后,料面上再盖上一层塑料薄膜,这样既利于保湿,也可防止杂菌污染。播种时间,一般从 8 月末到次年 4 月末,均可播种。不过春播要早,秋播要晚,气温在 15℃ 以下是平菇栽培的适宜时期。既适于平菇生长发育,又不利杂菌生长。一般播种量为料重的 10%~15%。上层播种量占菌种量的 60%,用菌种封闭料表面,以防止杂菌污染。

(四)管理

1.发菌期的管理

菌丝体生长发育阶段的管理,主要是调温、保湿和防止杂菌污染。为了防止杂菌污染,播种后 10 天之内,室温要控制在 15℃ 以下。播后两天,菌种开始萌发并逐渐向四周生长,此时每天都要多次检查培养料内的温度变化,注意将料温控制在 30℃ 以下。若料温过高,应掀开薄膜,通风降温,待温度下降后,再盖上薄膜。料温稳定后,就不必掀动薄膜。10 天后菌丝长满料面,并向料层内生长,此时可将室温提高到 20~25℃。发现杂菌污染,可将石灰粉撒在杂菌生长处,用 0.3% 多菌灵揩擦。此期间将空气相对湿度保持在 65% 左右。在正常情况下,播种后,20~30 天菌丝就长满整个培养料。

2.出菇期的管理

菌丝长满培养料后,每天在气温最低时打开菇房门窗和塑料膜 1 小时,然后盖好,可加大料面温差,促使籽实体形成,根据湿度进行喷水,使室内空气相对湿度调至 80% 以上。达到生理成熟的菌丝体,遇到适宜的温度、湿度、空气和光线,就扭结成很多灰白色小米粒状的菌蕾堆。这时可向空间喷雾,将室内空气相对湿度保持在 85% 左右,切勿向料面喷水,以免影响菌蕾发育,造成幼菇死亡。同时要支起塑料薄膜,这样既通风又保湿,室内温度可保持在 15~18℃。菌蕾堆形成后生长迅速,2~3 天菌柄延伸,顶端有灰黑色或褐色扁圆形的原始菌盖形成时,把覆盖的薄膜掀掉,可向料面喷少量水,保持室内空气相对湿度在90%左右。一般每天喷2~3次,温度保持在15℃左右。

（五）采收

平菇成熟标准是菌盖边缘由内卷转向平展,此时菇体单重达到最大值,生理成熟度也最高,菇盖外缘韧性较好,菌盖不易破损,肉厚、肥嫩,商品外观性较理想,售价高。平菇成熟后,要及时采收,采收过迟,菇体老熟,会散发大量孢子,不仅消耗料袋营养,而且孢子散发到其他小菇上,也造成小菇未老先衰。采收时用手按住菇体基部,轻轻旋转就可。采后应将袋口残留菇体清理干净,接着进入转潮期管理。

二 平菇栽培注意事项

（一）菇场选择

选择具有增温和保温条件的菇场,如备有增温条件的室内菇房、温度较高的地下菇场及采用塑料大棚栽培的阳畦菇场等。

（二）菌株选用

冬栽平菇按产菇期的安排可分冬栽冬出和冬栽春出两种。前者选用低温型品种或中低温型品种较为适宜,后者则必须选用中低温型和中温型品种。具体品种的选用应按产菇末期的环境温度来确定。加大接种量,使平菇菌丝尽快占全料面,控制杂菌生长。平菇菌丝发好后入棚以前,栽培棚一定要预先消毒,以免引起杂菌污染。

（三）精细选料

一定把好选料与配料关。要洁净的原料,并搞好消毒处理,在配料时不可随意添加化学肥料,只有在堆料发酵种植平菇时,才能适量添加尿素补充氮源。同时,在配料过程中,要特别注意培养料的湿度,水分含量不可过高或过低,否则对发菌不利。一定要选择新鲜、无霉变的玉米芯,在装料以前要选择晴天,在太阳下暴晒2天以杀死培养料中杂菌。

（四）冬管措施

冬栽平菇必须保证培养料的温度达到菌丝生长的最低限温度,否则播下的种块不能定植吃料,时间一长反会因自身的能量消耗造成菌种活力下降。提高料温的方法除利用菇场具备的增温和保温条件外,还可以采用培养料预先堆积发酵和热水拌料等措施。菌丝培养成熟后必须强调温差刺激措施,否则会出现迟迟不能出菇的现象。出菇结束后,棚内杂物要及时清理干净,有污染的菌袋要挖坑埋掉或烧掉,盖棚塑料布要全部揭掉,晾棚,以便明年再种。

（五）及时采收

平菇采收要及时(最好八成熟),以免平菇孢子携带杂菌感染其他没有生病的菌袋。采完一潮菇后，一定要及时清理料面，降低棚内温度，使平菇菌丝恢复生长，重新扭结出菇。

第三节　金针菇栽培技术

金针菇是一种真菌类的蔬菜，金针菇在世界各地都有比较广的分布范围，是一种食疗价值非常高的菌类食物。

金针菇

金针菇栽培

知识拓展

金针菇食用禁忌

1. 金针菇和牛奶同吃可能会引发心绞痛。

2. 金针菇跟驴肉同吃会腹痛、腹泻。

3. 金针菇跟蛤同吃会破坏金针菇中的维生素 B_1，导致营养流失。

金针菇食用注意事项

1. 适合气血不足、营养不良的老人，儿童，癌症患者，肝脏病及胃肠道溃疡病患者，心脑血管疾病患者食用。

2. 脾胃虚寒者金针菇不宜吃得太多。

3. 未熟透的金针菇中含有秋水仙碱，人食用后会产生对胃肠黏膜和呼吸道黏膜有强烈的刺激作用的二秋水仙碱。

一　生长发育条件

1.营养

在人工栽培条件下，棉籽壳、玉米芯、稻草、麦秸、木屑等均可用来栽培金针菇，棉籽壳是栽培金针菇最好的营养料。

2.温度

金针菇属低温型菇类，耐寒性强，是食用菌中最耐寒的种类，菌丝在 $-20\,℃$ 亦能存活。菌丝生长的温度范围是 5～30℃,适宜的温度是 22～24℃,最佳温度是 23℃。

3.湿度

金针菇喜欢湿润环境,菌丝阶段对湿度要求低,一般培养料含水量在 60% 左右即可。培养料含水量过多会造成通气不良,菌丝生长受到抑制,杂菌发生;含水量过少会造成菌丝稀、淡,生长缓慢甚至不生长。

4.光照

金针菇菌丝生长阶段可以不要光线,但是光对籽实体的形成有一定影响。由于金针菇要求柄长稚嫩,因此在籽实体生长阶段所需要的光照也极微弱。必须采取适当的遮光措施,才能保证优质高产。

5.酸碱度

适应范围较广,在 pH 值 3～8 的范围内均能生长,但以 pH 值 5～6 为最适宜。

> **知识拓展**
>
> 　　金针菇不含叶绿素,不具有光合作用,不能制造碳水化合物,但完全可在黑暗环境中生长,必须从培养基中吸收现成的有机物质,如碳水化合物、蛋白质和脂肪的降解物,为腐生营养型,是一种异养生物,属担子菌类。金针菇是一种木材腐生菌,易生长在柳、榆、白杨树等阔叶树的枯树干及树桩上。

二　栽培季节

金针菇属于低温型的菌类,菌丝生长范围 7～30℃,最佳 23℃;籽实体分化发育适应范围 3～18℃,以 12～13℃生长最好。温度低于 3℃菌盖会变成麦芽糖色,并出现畸形菇。人工栽培应以当地自然气温选择。

三　出菇管理

（一）出菇管理工序

1.全期发菌的出菇管理工序

全期发菌的栽培袋出菇期的管理工序为:解开袋口→翻卷袋口→堆袋披膜→通风保湿催蕾→掀膜通风 1 天→披膜促柄伸长→采收→搔菌灌水→保温保湿催蕾。管理方法同前,直至收获 4 茬菇。

2.半期发菌的出菇管理工序

半期发菌的栽培袋,在培菌期内,菌丝发满半袋后,两端即有幼菇形成,此时应及时按全期发菌的管理方法将菌袋移入栽培场。

（二）搔菌

所谓搔菌就是用搔菌机（或手工）去除老菌种块和菌皮。通过搔菌可使籽实体从培养基表面整齐发生。搔菌宜在菌丝长满袋并开始分泌黄色水珠时进行。菌袋转入菇棚前要消毒,喷水,使菇棚内的湿度为85%～90%。打开袋口,用接种铲或钩将老菌种扒去,并把表面菌膜均匀划破,但不可划得太深。搔菌后将菌袋薄膜卷下1/2,摆放在床架上,袋口上覆盖薄膜或报纸,保温、保湿,防菌筒表面干裂。在一般情况下应先搔菌丝生长正常的,再搔菌丝生长较差的。若有明显污染以不搔为佳。

搔菌方法有平搔、刮搔和气搔几种。平搔不伤及料面,只把老菌扒掉,此法出菇早、朵数多;刮搔把老菌种和5mm的表层料(适合锯末)一起成块状刮掉,因伤及菌丝,出菇晚,朵数减少,一般不用;气搔是利用高压气流把老菌种吹掉,此种方法最简便。

(三)催蕾

搔菌后应及时进行催蕾处理。温度应保持在10～13℃,空气湿度为85%,但在头3天内,还应保持90%～95%的空气相对湿度,使菌丝恢复生长。当菇蕾形成时,每天通气不少于2次,每次约30分钟。每次揭膜通风时,要将薄膜上的水珠抖掉,并有一定散射光和通气条件。经7～10天菇蕾即可形成,便可看到鱼子般的菇蕾,12天左右便可看到籽实体雏形,催蕾结束。

(四)抑菌

抑菌也叫蹲蕾,是培育优质金针菇的重要措施,宜在菇蕾长为1～3cm时进行。将菇棚内的温度降为8～10℃,停止喷水,加大通风量,每天通风2次,每次约1小时。在这种低温干燥条件下,菇蕾缓慢生长3～5天,菇蕾发育健壮一致,菌柄长度整齐一致,组织紧密,颜色乳白,菇丛整齐。

(五)堆袋披膜出菇法

将菌袋两端袋口解开,将料面上多余塑料袋翻卷至料面。一端解口将两个袋底部相对平放在一起,高度以5～6袋为宜,长度不限。在出菇场内地面及四周喷足水分后用塑料膜覆盖菌袋。此法保温保湿良好,后期又可积累二氧化碳,有利于菌柄生长。

保湿通风催蕾　披膜后保持膜内小气候,空气相对湿度85%～90%,每天早上掀膜通风30分钟,7～10天可相继出菇,出菇后可适当加大通风,保证湿度,但不可把水洒到菇体上。

掀膜通风抑制　当柄长到3～5cm时要进行降湿降温抑制。具体措施为停止向地面洒水,掀去塑料膜,通风换气,冬天保持2天,春秋保持1天,使料面水分散失,不再出菇,已长出的菇也因基部失水而不再分枝。

培育优质菇　要求温度在6～8℃,空气相对湿度85%～90%。有极弱光,通过控制通风量,维持较高二氧化碳的浓度。

一般温度在10～15℃条件下,进入速生期5～7天,菇柄可从3cm长到12～15cm,

10天后可长到15～20cm，这时可根据加工鲜销标准适时采收。

搔菌灌水　第一茬菇采收后，要进行搔菌，即用铁丝钩将菇根和老菌皮挖掉0.5cm左右，并将料面整平。若菌袋失水，应往袋内灌水，可将塑料袋口多余的塑料膜拉起往料面上灌水，6～10小时后将水倒出，然后再进行催蕾育菇管理。

一般情况下，金针菇种1次可采收3～4茬，生物转化率可达80%～120%。

四　采收

金针菇特别容易变老，通常情况下，金针菇长到12～15cm的时候就可以采收了，采摘的时候轻轻握住它的菌柄，然后慢慢摇晃，拔出来。

第四节　黑木耳栽培技术

黑木耳在植物分类中隶属真菌门，担子菌纲，异隔担子菌亚纲，银耳目，黑木耳科，黑木耳属。

黑木耳（露地栽培）

黑木耳（大棚栽培）

黑木耳是一种质优味美的胶质食用菌和药用菌。我国黑木耳产区分为三片：东北片——辽宁、吉林、黑龙江，华中片——陕西、山西、甘肃、四川、河南、河北、湖北，南方片——云南、贵州、广西、广东、湖南、福建、台湾、江西、上海。

黑木耳肉质细腻，脆滑爽口，营养丰富，其蛋白质含量远比一般蔬菜和水果高，且含有人类所必需的氨基酸和多种维生素。其中维生素B的含量是米、面、蔬菜的10倍，比肉类高3～6倍。铁质的含量比肉类高100倍。钙的含量是肉类的30～70倍，磷的含量也比鸡蛋、肉类高，是番茄、马铃薯的4～7倍。

> **知识拓展**
>
> 　据《本草纲目》记载，桑耳主治女子漏下赤白，血病腹内结块、肿痛，还可以治愈鼻出血、肠风泻血，利五脏，宜肠胃气，排毒气；槐耳主治五痔脱肛、下血疗心痛、妇女阴中疮痛、治风破血、益力；柳耳补胃理气等。此外，其他的木耳都有自己的疗效特点。

一 生长发育条件

黑木耳的生长发育条件包括营养、温度、水分、空气、光线和适宜的酸碱度。

1.营养

木耳的营养来源完全依靠菌丝从基质中吸取。菌丝体在生长过程中能不断地分泌各种酶。通过酶的作用把培养料中的复杂物质分解为木耳菌丝容易吸收的物质。木耳是一种腐生真菌,它的营养来源是依靠有机物质,即从死亡树木的韧皮部、木质部中分解和吸收各种现成的碳水化合物、含氮物质和无机盐,从而得到生长发育所需的能量。再生能力强的树种在刚砍伐时,组织尚未死亡,有机物质也就不能被黑木耳菌丝分解,黑木耳菌丝也就不能繁殖。

在采用木屑、棉籽壳、玉米蕊、豆秸秆、稻草等做培养料时,常常要加米糠或麸皮,增加氮源泉和维生素,以利菌丝体的生长繁殖,适合木耳生长发育的碳氮比是20:1。

2.温度

品种不同对湿度要求也不同。如"沪耳一号"菌丝生长适宜温度要求低些,"沪耳二号"却要求高些。同一品种在不同发育阶段对温度的要求也不一样,不同地区的菌种对温度的要求也不同。了解和掌握黑木耳各阶段温度要求,是人工栽培管理的依据。

①黑木耳孢子萌发对温度的要求:在22~23℃时黑木耳孢子萌发最快,在4℃以下和30℃以上不产生孢子。

②黑木耳菌丝生长对温度的要求:菌丝生长对温度适应性很强。在5~35℃均可生长繁殖,最适温度是20~28℃。在-40℃的低温时菌丝仍能保持生命力。但难以忍受36℃以上的高温。

③黑木耳籽实体发育对温度的要求:籽实体的发生范围为15~32℃,最适的温度是15~22℃。籽实体的形成温度与地区有关,一般南方的品种比北方的要高5℃左右。在黑木耳的生长温度范围内,昼夜温差大,菌丝生长健壮,籽实体大,耳片厚,温度偏高时,菌丝虽然生长快,但生力弱,籽实体颜色较淡,质量较差。

3.水分

黑木耳对空气相对湿度和基质中水分的含量有一定的要求。人工配制培养基水分含量以60%~65%为宜,黑木耳的菌丝体在生长中要求木材的含水量约40%左右。在菌丝生长阶段,培养室空气相对湿度应控制在50%~70%。在籽实体形成期对空气的相对湿度比较敏感,要求达90%以上,如果低于70%,籽实体不易形成。籽实体生长时需要吸收大量水分,所以每天要喷几次水。菌丝耐旱力很强,在段木栽培时如百日不下雨,菌丝也不会死亡。在黑木耳人工栽培中,干干湿湿的水分管理是符合黑木耳生长发育要求的。

4.空气

黑木耳是好气性腐生菌，在代谢过程中吸收氧气而排出二氧化碳。露天栽培时一般可不考虑黑木耳对空气的要求，但在室内栽培和培养菌丝时，应注意通气和避免培养基水分含量过多而排挤空气造成生长不良。

5.光照

黑木耳菌丝需要在黑暗或和微弱光线环境中生长。但在完全黑暗的条件下又不能形成籽实体。若光线不足，籽实体发育不正常。在400烛光的条件下，籽实体能正常生长。

6.酸碱度

菌丝生长的 pH 值最适范围是 5 ~ 6.5。一般配制木屑培养基时常加 1% 的硫酸钙或碳酸钙能自动调节 pH 值至微酸性。

二　栽培场地及季节

可利用蔬菜大棚、空闲场地、阳台、楼顶、林果树荫下等场地，但要临近水源，通风好，远离污染源。栽培季节以当地气温稳定在 15 ~ 25℃时为最佳出耳期进行推算。

三　发菌管理

（一）发菌管理

室温应控制在 20 ~ 25℃为宜。每天通气 10 ~ 20 分钟，空气相对湿度保持在 50% ~ 70%，如超过 70%，棉塞易生霉。培养室光线要接近黑暗。在培养期间尽可能不搬动料袋，必须搬动时要轻拿轻放，以免袋子破损，污染杂菌。培养 40 ~ 45 天菌丝长到袋底后，即可移到栽培室进行栽培管理。

（二）黑木耳发菌常见问题的补救措施

①进入发菌室 5 天内，其他管理正常，如果发现 70% 以上的菌袋，种块不萌动，也没有杂菌污染。属杀菌时间短，应立即全部回锅重新杀菌后再利用。

②进入发菌室 7 日内，如果发现霉菌污染数量超过 1/3，不论是何原因，必须挑出污染部分，重新杀菌再利用。

③进入发菌室 10 天后，如发现菌丝吃料特别慢或停止生长，如果原料没有问题，就是袋内缺氧造成，要清除残菌、补充新料，重新灭菌再利用，并改进封口措施。

四　出耳管理

室内床架栽培常采用挂袋法。操作方法：除去菌袋口棉塞和颈圈，用绳子扎住袋口，用 1% 的高锰酸钾溶液或 0.2% 克霉灵溶液清洗袋的表面，并用锋利的小刀轻轻将袋壁切开 3 条长方形洞口，上架时用 14 号铁丝制成"S"形挂钩，将袋吊挂到栽培架的铁丝上。按籽实体生长阶段对温湿度和空气的要求进行管理。亦可采用吊绳挂袋出耳。

在自然温度适宜的季节也可在树荫下或人工荫棚中搞室外栽培，栽培方法仍以挂袋法为佳，如在地面摆放，应采取措施，防止泥土飞溅到木耳片上。

栽培袋表面菌丝发生扭结和形成少数黄褐色胶状物时，将袋口封死不透气，再按梅花状均匀分配在菌袋周围，用锋利刀片或剪子划破薄膜，开出 5～6 个裂口，孔形如"V"状，两边裂缝各长约 1.5cm，孔间距离 10cm 左右。空气湿度保持在 90% 左右，裂口保持在湿润状态。裂口处长出肉瘤状的耳基，逐渐长大成耳芽突出裂缝外。

小耳片形成后要加大湿度及通风，喷水最好是雾状勤喷，多雾、阴雨天加大通风，促使耳片快速展开。在籽实体生长期应进行干湿交替管理，先停水 2～3 天，然后加大湿度，使耳片充分吸水。整个出耳期应避免高温、高湿，以免出现流耳或霉菌感染。黑木耳出耳温度应控制在 15～25℃，不超过 28℃。为了避免出现不良现象，水分管理上应遵守"七湿三干，干湿交替"的原则。要有足够的散射光，以促进耳片生长肥厚，色泽黑亮，提高品质。

五 采收

成熟的耳片要及时采摘。籽实体成熟的标准是颜色由深转浅，耳片舒展变软，肉质肥厚，耳根收缩，籽实体腹面产生白色孢子粉。袋栽一般两个星期，但栽培袋所处的位置不一致，成熟时间也不一致，故需分批采收。采摘时用手抓住整朵木耳轻轻拉下，或用小刀沿壁削下，切忌留下耳根。总的要求是：勤摘、细拣，不使流耳。段木栽培春耳和秋耳要拣大留小，伏耳则要大小一起采。

六 病虫害防治

在黑木耳栽培过程中，常有虫害和杂菌产生。常见的害虫有鱼儿虫、壳子虫、米象、蛞蝓、小马陆、弹尾虫、蓑衣虫；常见杂菌有碳困、革耳、云芝、木霉、青霉、裂褶菌、朱红菌等。

防治黑木耳病虫害以预防为主，综合防治，主要有以下措施。

1.提高黑木耳本身抗病虫能力

①选择优质高产、抗逆力强的菌种。

②提供适宜黑木耳生长的温度、湿度条件和营养环境，使黑木耳栽培过程中具有较强的对杂菌的抵抗力。

2.减少病虫害生长条件

①清洁生产场地，做好场地消毒。

②对感染性强的污染耳木，菌袋、菌瓶、菌砖应隔离和烧毁。

③在不损害黑木耳的前提下，可放鸡入场啄食害虫。

3.药剂防治

①将耳片采光后用 600～800 倍液敌敌畏喷雾可杀死多种害虫。

②用 2% 的可湿性三氯杀螨醇 1 000 倍液浸耳木或喷雾可防治螨类。

③用 1% 石灰水或 5% 食盐水喷雾可防治线虫。

④用 2% 生石灰涂刷被杂菌危害部位可抑制杂菌蔓延。

第五节　杏鲍菇栽培技术

杏鲍菇是集食用、药用为一体的一种珍稀菌种,杏鲍菇味道清香、营养丰富,还有降血脂、降胆固醇等功效,深受人们喜爱。

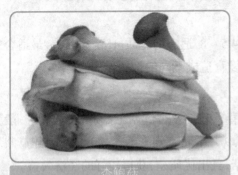

杏鲍菇　　　　　　　　　　　杏鲍菇栽培

知识拓展

不宜同食

驴肉

对于肝肾功能不全或者是肝肾功能损害人群,两者结合会产生有毒物质,引起中毒。

田螺

杏鲍菇的功能和田螺的性寒互不照应,对于肝肾功能不全或者是肝肾功能损害人群,两者同食会产生有毒物质,引起中毒。

一　生长发育条件

1.营养

为了保证生长质量,在实际生产中可以将棉籽壳、玉米棒等作为主要原料,调配氮源时以麦麸等作为主要辅料,以降低生产成本,并同时提高菌丝长速及其活力。

2.温度

杏鲍菇菌丝喜欢 25℃ 左右的培养条件;籽实体生长的适合温度为 10～25℃,最适合的温度为 15℃左右。

3.水分

栽培时以将基料含水率调至 65% 左右为宜;发菌期间,要求调控培养室空气湿度为 70% 左右;出菇阶段应保持在 85% ~ 95% 的湿度,以确保籽实体正常健康发育。

4.空气

杏鲍菇菌丝和籽实体生长均需要新鲜的空气条件。

5.光照

杏鲍菇在菌丝生长阶段不需要任何的光照条件,我们应该避光培养。但籽实体的生长发育则需要适量的散射光;一般生产中应将光照度控制在 500 ~ 1 000 lx 范围内,既可满足籽实体生长需要,又可使产品色泽正常,商品价值因此而得到提高。

6.酸碱度

杏鲍菇菌丝生长可适应的pH值条件为 4.5 ~ 8,适宜的基质pH值为 6 ~ 7,最适合的范围是 5.5 ~ 6.5,过低或过高都会对菌丝的发育造成不同的抑制作用。

二 栽培季节的选择

因杏鲍菇为中低温型菌类故常选择冬春季栽培。杏鲍菇出菇适宜的温度一般为 10 ~ 15℃。在我国北方地区,出菇期一般从 9 月下旬直到来年 4 月上旬。杏鲍菇栽培季节的掌握十分重要,安排得当,能正常出菇,且出优质菇,获得较好的经济效益。

三 菌袋制作

按照配方把各个原料称好,混合均匀,加水搅拌,要把含水量控制在 60% ~ 65%,栽培杏鲍菇的塑料袋可以用 (15 ~ 17)cm×35cm 的聚丙烯塑料袋或低压高密度聚乙烯袋,也可以用 12cm×28cm 的小袋。两头用绳扎紧,按照常规方法灭菌。灭菌后接种,接种后就进入了菌袋培养阶段。

四 菌袋培养管理

培养室启用前应执行严格消杀工作,门窗及通风孔均封装高密度窗纱,以防虫类进入。接种后的菌袋移入后,置培养架上码 3 ~ 5 层,不可过高,尤其气温高于 30℃时更应注意,严防发菌期间菌袋产热。室内采取地面浇水、墙体及空中喷水等方式,使室温尽量降低。冬季发菌则相反,应尽量使室温升高并维持稳定,一般应调控温度在 15 ~ 30℃范围,最佳 25℃,湿度 70% 左右,并有少量通风,尽管杏鲍菇菌丝可耐受较高浓度二氧化碳,但仍以较新鲜空气对菌丝发育有利。此外,密闭培养室使菌袋在黑暗条件下发菌,既是菌丝的生理需求,同时也是预防害虫进入的有效措施之一。一般 40 天左右菌丝可发满全袋,接着就进入出菇管理阶段。

1.刺激原基的形成

松口后加大通风量,增加通风和拉开温差及湿度差,以刺激原基的形成。保持温度不能低于12℃,最好也不要超过18℃,保持空气相对湿度在90%左右。

2.出菇阶段

在整个出菇阶段,要保持温度在12～18℃。在原基形成阶段,菇棚内的空气相对湿度应保持在85%～95%。

在籽实体原基形成阶段,以保湿为主。随着籽实体的不断增大,也要逐渐地加大通风量,以保证棚内空气新鲜。出菇空间光线在500～1 000 lx为宜,气温升高时要注意不要让光线直接照射。

五 采收

杏鲍菇生长一段时间后,当菇盖平展、颜色变浅、孢子还没有弹射时,就可以采收了,或者按照客户的要求来采收。适当地提前采收,杏鲍菇的风味好,而且保鲜时间较长。在采收前的2～3天,把空气相对湿度控制在85%左右更好。在采收完以后,要及时地清除料面,去掉菇根,及时地补水,再培养15天左右,可以生长出第二潮菇了。

参 考 文 献

[1] 刘涛,刘玉惠,马艳红.现代农业综合种养实用技术[M].北京:中国农业科学技术出版社,2018.

[2] 苏燕生.农业产业提升综合培训教材[M].北京:中国农业科学技术出版社,2017.

[3] 宋建华,王飞兵,贾永贵.现代农业综合实用技术[M].北京:中国农业科学技术出版社,2015.

[4] 孙德强,于卿.现代农业综合实用技术[M].北京:中国农业大学出版社,2014.

[5] 苏燕生.农业产业提升综合培训教材[M].北京:中国农业科学技术出版社,2017.

[6] 孙德强,于卿.现代农业综合实用技术[M].北京:中国农业大学出版社,2014.